AF302751

Erstes Allgemeines Notfall-Handbuch

2. überarbeitete und erweiterte Auflage

Christian Rupp

Version: 2.0324

© 2021-2024 Alle Rechte beim Autor Christian Rupp
2. überarbeitete und erweiterte Auflage, Datenstand: Dezember 2023
(1. Auflage: Juni 2021)

Autor: Christian Rupp

christian.rupp@inprodi.net
inprodi GmbH & Co KG
Hauptstraße 5, D-69412 Eberbach

cr@wpb-ag.ch
Wirtschaft und Projekt Beratung AG
Achslenstraße 13, CH-9016 St. Gallen

Umschlaggestaltung, Layout: Christian Rupp & Crispian Tonn
Lektorat, Korrektorat: Crispian Tonn

Verlag: tredition GmbH, Halenreie 40-44, 22359 Hamburg
ISBN: 978-3-384-17572-4 (Paperback)
         978-3-384-17573-1 (eBook)
Printed in Germany

Bibliografische Information der Deutschen Nationalbibliothek:
Die Deutsche Nationalbibliothek verzeichnet diese Publikation in der Deutschen Nationalbibliografie; detaillierte bibliografische Daten sind im Internet über http://dnb.d-nb.de abrufbar

Vorwort zur ersten Auflage

Die erste Auflage zum Ersten Allgemeinen Notfall-Handbuch schrieb ich ab dem Sommer 2018. Einen gravierenden Grund hierfür gab es nicht, schaute ich doch wie viele andere Menschen auf eine generelle positive Entwicklung der letzten fünf Dekaden zurück. Aber ich hatte schon immer eine Affinität zum Thema Risiko- und Krisenmanagement und hatte stets eine gewisse Grundsensibilität für Notfälle, also plötzlich auftretende Schadensereignisse, die es dann zügig und evtl. mit außergewöhnlichen Maßnahmen zu bekämpfen gilt.

Unser Land und die Welt hatten sich seit 1945 weiterentwickelt und fast jedes Investitionsgut, Energie, Geld, Medikament oder Lebensmittel war beinahe allzeit verfügbar. Wohlstand für alle! Wirtschaftszyklen waren oft mild, Krisen waren überschaubar und kriegerische Auseinandersetzungen weit weg und gefühlt von kurzer Dauer. Oberflächlich gesehen, kein Grund zur Sorge, höchstens zur Vorsorge.

Fragen Sie, werte Leserschaft, sich doch bitte, wie Sie im Sommer 2019 reagiert hätten, wenn ich Ihnen vorausgesagt hätte, dass sechs Monate später in der Corona-Pandemie, ein Artikel, der wenig kostet, täglich benötigt wird und lange haltbar ist - nämlich Toilettenpapier - temporär rationiert würde. Bundesweit je zwei Rollen je Einkauf und Person. Und wie fallen Ihre Reaktionen auf die Erkenntnis, dass Hakle, als das Traditionsunternehmen für Toilettenpapiererzeugnisse im Jahr 2022 infolge der Energiekrise in Zahlungsschwierigkeiten kam aus? Jetzt, nach den ersten drei Jahren der neuen Herausforderungen, ja der Zeitenwende, werden solche Fragen ernster genommen, wenn ich von der Notwendigkeit der Prävention spreche.

Notfall über Notfall wird allmählich zum Alltag, trifft Sie ganz persönlich direkt, kollateral oder multipel und kann zur Krise, zum Konflikt, zur Katastrophe, ja zum Krieg mutieren.

Die Nachfrage nach der ersten Ausgabe ist seit Veröffentlichung stetig gestiegen. Viele Unternehmen, Organisationen und alle Landratsämter wurden kontaktiert und das Buch und weitere Leistungen zum Thema Notfall-Bekämpfung vorgestellt. Die Antworten darauf waren vielfältig. Von „Wir brauchen Sie und bitten um weiteren Kontakt", bis hin zu „Wir haben keinen Bedarf, da wir ja einen Erste-Hilfe-Helfer haben." Insbesondere letztere Antwort zeigt, dass ein Notfall viel zu oft nur mit körperlichen Verletzungen gleichgesetzt wird.

Dass ein Notfall ein unwahrscheinliches und unvorhersehbares, plötzlich und unerwartet auftretendes Schadensereignis wie z.B. Sabotage, IT/Cyber-Attacken, Erdrutsche, Spionage, Energieausfall, Dauerregen, Tierseuchen, Lieferkettenunterbrechungen, Korruption, Erdabsenkungen, Fachkräfte-, Ärzte-, und Medikamentenmangel und viele tausend Möglichkeiten mehr sein kann, ist wohl leider noch nicht überall bekannt.

Als die erste Ausgabe dann grob fertiggestellt und mit dem Verlag besprochen wurde, litten zum 01.01.2020 weltweit 27 Menschen an Störungen der körperlichen oder psychischen Funktionen; der Krankheit Covid-19. Am 26.01.2020 starben die ersten 12 Menschen am Virus SARS-CoV-2. Zu diesem Zeitpunkt waren dann aber auch schon 600 Personen infiziert und 40 Millionen Menschen in 13 chinesischen Städten isoliert.

Weltweit waren Bürger sehr erschrocken und in Bezug auf Notfälle aufgeschreckt. Ausgangsbeschränkungen und Lockdowns über den gesamten Planeten waren die Folgen. Am 29.01.2020 gab es in Deutschland vier Infizierte bei einem bayrischen Unternehmen, das Geschäftsaktivitäten in China tätigt. Die Weltwirtschaft brach in den ersten beiden Monaten der Pandemie um über 40% ein und musste mit Billionen von frischem Geld aufgefangen werden. Im gesamten Jahr 2020 waren 80 Millionen Menschen infiziert und 1,9 Millionen Erwachsene und Kinder verstorben.

Zahlreiche Unternehmen standen fast vor der Insolvenz und mussten zunächst mit Staatsbeteiligungen und Milliarden gerettet werden. Zum 30.06.2021 waren weltweit 186 Mio. Individuen infiziert und 3,9 Mio. Menschen verstorben. Die Omikron-Variante und weitere Sub-Varianten breiteten sich weiter aus. Zum Winter 2022 waren weltweit über 665 Millionen Infizierte (teils mehrfachinfiziert) und ca. 6,7 Millionen Tode wurden registriert.

Zu dieser Zeit aktualisierte ich regelmäßig das Erste Allgemeine Notfall-Handbuch. Die dazugewonnenen Erkenntnisse und vielen Anregungen einzelner Leser und Nutzer des Handbuchs, finden Sie in der zweiten überarbeiteten und ergänzten Auflage.

Vorwort zur zweiten Auflage

Welch dramatisch aufregende Zeiten zwischen der Erstausgabe im Juni 2021 und dem Erscheinen dieser zweiten, überarbeiteten und erweiterten Ausgabe, die eine Vielzahl von neuen Impulsen innehat. Der Super-Notfall Covid-19 war gerade oberflächlich überstanden und eine gewisse Routine zog wieder ein, als doch am 24. Februar 2022 ein 170.000 Soldaten zählender Teil der russischen Armee in einer „Militärischen Sonderoperation Z" zum Einsatz kam - nachdem alle Welt zuvor über Monate hinweg den russischen Aufmarsch an der Grenze der beiden beteiligten Länder sehen und die Folgen erahnen konnte - und griff die Souveränität der Ukraine an.

Ein weiteres unwahrscheinliches Schadensereignis - ein Notfall - war für viele überraschend und unerwartet aus dem Nichts aufgetreten. Krieg in Europa! Er zog die ganze Welt in seinen Bann und forderte Kooperationen, Hilfe und Unterstützung. Ganz plötzlich wurde dabei festgestellt, dass Europas Armeen und insbesondere die Deutsche Bundeswehr nur sehr eingeschränkt abwehrfähig sind. Angriffe auf unser Land und auf Unternehmen als auch auf Organisationen wären nur bekämpfbar, wenn funktionierendes Material und gut ausgerüstetes Personal nebst Resilienz-Strukturen vorhanden wären.

Die Resilienzkraft der Ukraine wurde zunächst unterschätzt, obwohl sich das Land vom ersten Tag an hoch motiviert und brüderlich wehrte. Der Notfall wurde dort sofort erkannt und Gegenmaßnahmen wurden unter der täglichen Führung des Präsidenten ergriffen und abendlich kommuniziert. Eine einheitliche Führung und gute, regelmäßige Kommunikation sind zwei wichtige, unerlässliche Parameter in der Notfall-Bekämpfung; im Überlebenskampf.

Zum ersten Kriegswinter hin folgte eine Gas- und Energiekrise in Europa. Ein Anstieg vieler Erzeugerpreise von um die 35% und eine steigende Inflation auf über 9% waren die Folge. Weltweit traf dieser Notfall Millionen Menschen unmittelbar, andere wiederum kollateral. Entziehen konnte man sich nicht.

Fragen Sie sich doch bitte, wie Sie im Dezember 2021 reagiert hätten, wenn ich Ihnen für den Winter 2022 ein beschämendes Szenario geschildert hätte, in dem Kommunen sogenannte „Wärme-Inseln" schaffen müssten, damit sich Bürger, die ihr Eigenheim nicht mehr ausreichend aufheizen können, dort aufwärmen dürfen.

Der hohen Zahl von neuen Herausforderungen, individuellen Notfällen als auch multiplen Notfällen, sowie Kollateralschäden steht also die Suche nach Resilienz, die Suche nach einer Widerstandsfähigkeit gegen den Notfall entgegen. Die Sehnsucht nach der gewohnten Sicherheit wächst mit jeder neuen Herausforderung. Am 7. Oktober 2023 griffen Terroristen der palästinensisch-radikal-islamistischen Hamas aus dem Gazastreifen den Staat Israel zunächst mit Raketen und dann mit weiteren Attentätern an. Trotz meterhoher Einfriedungen und Sicherheitszäunen nebst Sicherheitseinrichtungen! Bei diesem Massaker töteten sie über 1.200 Menschen, verletzten ca. 5.400 Bürger und nahmen über 250 Geiseln. Darunter Ausländer, Minderjährige, Kleinkinder, Senioren und israelische Soldaten. Ab dann herrschte in Israel Kriegszustand und 300.000 Reservisten wurden zügig einberufen. Unter dem folgenden Krieg im Gazastreifen mussten vor allem palästinensische Kinder und die dortige Zivilbevölkerung leiden.

In der zweiten, erweiterten und überarbeiteten Ausgabe habe ich das Buch komplett überarbeitet. Der Leser soll damit eine Unterstützung zur Herstellung und Steigerung seiner persönlichen Resilienz und der unternehmerischen Widerstandskraft erfahren. Ergänzt wurden u.A. auch Notfall-Hinweise für Menschen mit Sprach- oder Hörbeeinträchtigungen, als auch um die Kapitel Brandschutz und Evakuierung.

Die exorbitante Zunahme bei Cyber-Attacken auf die IT-Strukturen von Regierungs- und Nicht-Regierungs-Organisationen, auf Unternehmen und auf Ämter, ist weltweit auf eine erschreckende offizielle Zahl um 400 Milliarden Euro im Jahr 2022, davon über 88 Milliarden Euro (diverse Schätzungen gehen von ca. 200 Milliarden Euro aus) nur in Deutschland, gestiegen. Deshalb wurde das Kapitel IT-Sicherheit und Cyberschutz ausgebaut und mit zahlreichen real geschehenen Beispielen versehen.

Weitere, über 500 geschehene Notfall-Vorkommnisse werden im zweiten Teil benannt und teilweise ausführlich zur Abschreckung und als Warnung dargestellt, was denn so alles unglaubliches als Notfall passieren kann; gegenüber jedermann!

So oft wie möglich will ich auf die nötige Sensibilisierung der Menschen gegenüber plötzlich auftretenden Schäden hinweisen, weil Notfall-Missdeutungen oder Fehlinterpretationen und ein spätes Erkennen von gravierenden Behinderungen Leben kosten können. Der Notfall ist die Überraschung aus dem Nichts und muss rechtzeitig, ja idealer Weise vorausschauend erkannt und verhindert, die Schäden zumindest minimiert werden.

Denn die Frage lautet ja für jedermann nicht, ob der nächste Notfall passiert, sondern wann er geschieht. Welche Schadensereignisse passieren in der (nahen) Zukunft und wie tangieren sie mich? Wie werde ich von künftigen Notfällen betroffen sein? Wie werden die Notfall-Auswirkungen sich auf meine Resilienz auswirken? Taugt mein Notfall-Konzept und kann ich meine Notfall-Pläne einsetzen? Wie reagiert die mehr und mehr vernetzte Welt um mich herum? Sind Menschen in meinem Verantwortungsbereich sensibel genug und erkennen und deuten sie einen Notfall zeitnah und richtig, so dass wir ihm gemeinsam erfolgreich widerstehen können?

Zahlreiche Fragen, die Unsicherheiten mit sich bringen und denen Sie zur Klärung entschlossen gegenüberstehen sollten. Und nur weil Sie vielleicht nichts sehen, heißt das nicht, dass nichts passiert. Sehen Sie doch bitte auch in dem Unmöglichen und Unwahrscheinlichen einen potenziellen Notfall. Die als unsinkbar gegoltene RMS Titanic sank am 15. April 1912 nach einer Kollision mit einem Eisberg auf der Jungfernfahrt. Das zu seiner Zeit modernste Schiff riss über 1.510 Menschen mit in die Tiefe.

Heute setzen Bekämpfungen von Cyber-Attacken, Inflation, steigende Zinsen, Energieverfügbarkeit und -beschaffungskosten, Fachkräftemangel, Rohstoffknappheit, Lieferkettenunterbrechungen, Sabotagen auf Strom- und Wasserversorgungen und hybride Bedrohungen auf Infrastrukturen mehr denn je ein gutes und aktuelles Notfall-Konzept und die Sensibilität für unwahrscheinliche, aber mögliche Notfälle voraus. Seien Sie auf die Herausforderungen von morgen maximal vorbereitet.

Diese zweite und erweiterte Auflage des Ersten Allgemeinen Notfall-Handbuchs soll Sie dabei unterstützen, so dass Behinderungen und schmerzhafte Abweichungen zur Normalität minimalst ausfallen.

Wie bei der Erstauflage bin ich bei dieser zweiten Auflage des Ersten Allgemeinen Notfall-Handbuches wesentlich unterstützt worden. Mein Dank gilt Herrn Crispian Tonn von der inprodi GmbH & Co KG und meinem Sohn Christobal Rupp von der WPB AG. Manche Anregungen für Verbesserungen kamen auch von meinen geschätzten Leserinnen und Lesern, denen ich ebenso herzlichst danke.

Haben Sie also nun viel Erfolg mit der zweiten Auflage meines Ersten Allgemeinen Notfall-Handbuchs.

Eberbach im April 2024,
Christian Rupp

Gliederung

Brandschutz **225**

Brandschutzbeauftragter.. 225

Brandschutzhelfer 226

Liste der Feuerlöscheinrichtungen 227

Gefahrgut- / Explosivstofflager 229

Einleitung

Der Begriff **Notfall** ist seit der Corona-Pandemie 2020/21 in aller Munde und seit der Energiekrise 2022 mit dem Gas-Notfallplan der Bundesregierung und der Medikamentenkrise 2023 ist ein **Notfall-Plan** wichtiger denn je.

Sind Sie in der Lage einen Notfall zu erkennen, richtig zu deuten und die Notfall-Bekämpfung durchzuführen? Ein Notfall ist weit mehr als eine körperliche Verletzung, die von einem Sanitäter oder Arzt behandelt werden kann und benötigt ein **Notfall-Konzept**, also ein Business Continuity Management (BCM). Der Notfall ist die Überraschung aus dem Nichts, die Ihnen die gewohnte Sicherheit aus dem Leibe reißen kann.

Die Pandemie und die Energiekrise haben schonungslos offengelegt, wie schlecht manches Unternehmen, diverse Organisationen oder Ämter für echte Notfall-Bekämpfungen gerüstet sind, was aber primär an den dortigen Menschen liegt. Denn zu oft wird ein Notfall mit Unfall und Krankheit gleichgesetzt. Das Verständnis, dass ein Notfall ein meist unvorhersehbares, sich langsam und manchmal schlagartig annäherndes und begrenztes Schadensereignis mit schwerwiegender Folge ist, das in hundert verschiedenen Varianten auftreten kann, reift in unserer Gesellschaft nur langsam; zu langsam.

Während der Corona-Pandemie wurde festgestellt, dass nur jede fünfte Kommune in Deutschland einen Notfall-Plan besitzt. Bei Krankenhäusern, Arztpraxen und bei der Bevölkerung generell, liegen noch weitaus weniger Informationen zum Thema Notfall, Notfall-Konzept, **Notfall-Handbuch** und Notfall-Plan vor. Unternehmen und speziell die KMUs (Klein- und Mittelständische Unternehmen) sind mehr mit Umsatzerwirtschaftung und Transformation beschäftigt, als mit Notfall-Konzepten, obwohl diese sicherlich auch sehr wichtig sind, um Behinderungen im Betriebsablauf zu minimieren, denn Notfälle sind latent.

Zwar versteht fast jedermann, dass es sinnvoll ist, bestimmte Vorkehrungen im Alltag zu treffen und sucht individuellen Schutz bei Assekuranzen und baut sich mehrere Sicherheitsschlösser in die Wohnungstür, jedoch ist die Auseinandersetzung mit unbekannten, möglichen Bedrohungen unpopulär und Gedanken, dass die eigene Person, die Familie oder das Unternehmen ganz persönlich, direkt, mittelbar oder kollateral von schwerwiegenden Schäden betroffen sein könnte, werden außer Acht gelassen, ja falsch eingeschätzt und ignoriert. Wer hätte denn gedacht, dass fast 80 Jahre nach Ende des 2. Weltkriegs, nach Gründung des Staates Israel und nach dem Holocaust, Jüdinnen und Juden im eigenen Land überfallen, vergewaltigt, geschändet und ermordet werden könnten, wie dies am 7. Oktober 2023 geschah. Trotz aller Sicherheitsvorkehrungen, aber wegen vernachlässigter Prävention, wegen mangelnder Kontrollen und Anpassungen der vorhandenen Notfall-Pläne und wegen fehlender Weitsicht.

Aber das Unwahrscheinlichste muss angedacht werden.

Gedanken hierzu müssen gehegt, Pläne zu einer besonders schlimmen Lage, ja eventuell zu einer Katastrophe, erstellt werden. Denn ohne eine entsprechende Vorbereitung, kann das System um jedermann herum sehr schnell kollabieren.

Den meisten Menschen wird erst bewusst, dass ein Notfall jederzeit und überall eintreten kann und dass danach nichts mehr sein wird, wie wir dies zuvor liebgewonnen hatten, wenn er eingetreten ist und Schaden hinterlassen hat. Egal, ob eine Naturkatastrophe entstand, ein Lockdown als Folge einer Pandemie beschlossen wurde, oder ob Zerstörungen und Verseuchungen des Lebensraums stattfanden, oder ob der Klimawandel schon die Apokalypse darstellt; bei einem Notfall für die kritische Infrastruktur wie die Strom- und Wasserversorgung, wird nicht nur der Einzelne gestört, sondern das Gemeinwesen schlechthin. Der Notfall wir dann über die Medien publiziert und vervielfacht, bis auch der Letzte weiß, dass die Zeiten ernst sind.

Der Mensch selbst war, ist und wird wohl neben der Natur weiter Auslöser vieler Notfälle sein! Dritte, die Ihnen nichts Gutes wollen, machen keine Sommer- oder Weihnachtsferien, weshalb Wachsamkeit angesagt ist. Das können Sie im eigenen Familienunternehmen oder Amt und deren Umfeldern immer wieder feststellen, was auch ich aus eigener, jahrzehntelanger Erfahrung bestätigen kann.

Notfälle können auch in Form von Attentaten, Amokfahrten, Bakteriellen Zwischenfällen, Dauerregen, Erdbeben, Entführungen, Felssturz, Hochwasser, Korruption, Lieferkettenstörungen, Massenpanik, Pandemien, Sabotagen, Schiffshavarien, Spionage, Tsunamis, Volksaufständen oder durch Zusammenprall von Kulturen entstehen, um nur einige wenige Beispiele zu nennen.

Selbst ein plötzlicher Medikamentenmangel kann zum Notfall mutieren und bei entsprechendem Bedarf Leben kosten. Im Winter 2022/23 konnten ganz unerwartet und angesichts einer großen Welle von Atemwegserkrankungen einzelne Medikationen nicht durchgeführt werden. Kinderhustensäfte, Fiebersäfte mit dem so gängigen Wirkstoff Ibuprofen und weitere ca. 300 Medikamente, darunter auch Krebsmittel, waren nicht mehr lieferbar.

Im zweiten Teil habe ich über 500 teilweise kuriose, unglaubliche und absolut unwahrscheinliche Notfälle niedergeschrieben, die aber real geschehen sind und die Sie weiter sensibilisieren sollen.

Denn was heute noch unsichtbar ist, wird morgen zur Bedrohung.

So müssen wir uns doch täglich gegen Cyber-Attacken wehren, die zwischenzeitlich allein in Deutschland einen jährlichen Schaden von ca. 100 Milliarden Euro verursachen und die schon durch eine digitale Korrespondenz mit einem Ex-Mitarbeiter beginnen kann. Tag ein, Tag aus sind Notfälle abzuwehren!

Was und wie wird der nächste Notfall sein? Hybride Bedrohungen für die Infrastrukturen? Hydrologische Katastrophen? Intensivere Cyber-Attacken auf IT-Strukturen, ja auf ganze Netze? Angriffe durch Sabotage an Strom-, Energie- und Wasserversorgungen oder auf Medikamenten-Lieferketten? Es gibt gar Hunderte solcher Angriffsmöglichkeiten, die eine sehr negative, ja tödliche Auswirkung auf Ihren Organismus, oder zerstörerische Einflüsse auf Ihr Geschäftsmodell haben können.

Ist Ihnen denn bewusst, dass der Sabotageakt, die Zerstörung der Nord-Stream-I und II Pipelines im Jahr 2022 in der Ostsee, der erste kriegerische Akt seit 1945 gegen die Bundesrepublik Deutschland war? Was folgt? Welche Auswirkungen folgen?

Haben Sie einen Notfall erkannt und richtig gedeutet? Ist die Lage schon außer Kontrolle geraten? Ist das Chaos bereits verbreitet? Dann wird das Ihr persönlicher Stresstest. Sie haben nun nur noch ein einziges Ziel; Schadensbegrenzung! Frühestens dann sollten Sie wieder zum Normalzustand zurückkehren. Gut wäre, wenn Sie mittels Notfall-Plan vorgesorgt hätten. Bedenken Sie, dass man später immer schlauer ist als zuvor und dass niemand behaupten solle, dass bei entsprechender Sensibilität der Schaden wohl zu vermeiden gewesen wäre! Spätestens seit der Corona-Pandemie, seit dem epidemischen Notfall von nationaler Tragweite, weiß jedermann, wie wichtig Vorkehrungen für den eigenen Notfall sein können. Außergewöhnliche Zeiten verlangen außergewöhnliche Maßnahmen! Die Aufrechterhaltung Ihres Geschäftsmodells (Business Continuity) sollte oberste Priorität haben!

Notfälle treten oft als neueste Erscheinungen auf, sie mutieren und wiederholen sich selten identischer Art. Das **Erste Allgemeine Notfall-Handbuch** enthält möglichst zahlreiche Informationen, um im Notfall die erforderlichen Maßnahmen zur Schadensbegrenzung und zur Wiederaufnahme des unterbrochenen Geschäftsprozesses, also die Rückkehr zum Normalzustand durchführen zu können.

Jedermann ist gefordert den Schaden zu minimieren; und das geht am besten mit Prävention, also mit der Vorbereitung und einer ständigen Anpassung an mögliche und aktuelle Herausforderungen und Wachsamkeit gegenüber neuen Notfällen.

Täglich gilt für Sie, dass die Wachsamkeit der Preis für Ihre Freiheit ist.

Das Erste Allgemeine Notfall-Handbuch soll daher als Anregung und Orientierung und als relevantes Werkzeug zugleich dienlich sein, die wichtigsten Regelungen korrekt und vollständig, aber auch und vor allem unverzüglich und sehr entschlossen umzusetzen. Schadensminimierung ist Ihr oberstes Ziel. Ein Notfall ist komplex. Ihm müssen Notfall-Konzepte und Notfall-Pläne gegenüberstehen, aber auch Melde- und Eskalationswege für einen Notbetrieb müssen festgelegt sein.

Dieses Erste Allgemeine Notfall-Handbuch und dessen **Notfall-Checklisten** wurden mit größter Sorgfalt erstellt und für die zweite Auflage überarbeitet und erweitert. Jedermann kann und soll dieses Erste Allgemeine Notfall-Handbuch auf die individuellen und betrieblichen oder privaten Situationen anpassen und bedenken, dass das Erste Allgemeine Notfall-Handbuch nicht hundertprozentig vollständig sein kann.

Denn trotz aller noch so sorgfältig geplanten und eingerichteten Notfall-Vorsorgemaßnahmen bleibt immer ein Restrisiko bestehen. Neben allgemein zu veröffentlichenden Informationen, werden in Ihrer persönlichen Version des Ersten Allgemeinen Notfall-Handbuchs auch vertrauliche und persönliche Informationen niedergeschrieben. Letztere müssen zwingend besonders geschützt werden und dürften beispielsweise nur einem begrenzten Personenkreis, wie der Notfall- Task-Force, oder einem Notfall-Stab zugänglich sein.

Dieser Notfall-Stab muss sich auch der im Notfall sehr wichtigen Kommunikation annehmen; intern und extern. Der Inhalt der nach außen gegebenen Informationen muss exakt und juristisch geprüft werden; schließlich können sie so Ihre Reputation ruinieren und ein Informationsvakuum muss vermieden werden. Seien Sie von der ersten Sekunde ab Eintritt des Notfalls an kommunikativ und offen. Sonst werden evtl. Sachverhalte falsch interpretiert und Forderungen gestellt, die von Ihnen nicht erfüllt werden können.

Das Erste Allgemeine Notfall-Handbuch ist ein Buch für Unternehmer und Unternehmen, für Privatpersonen ebenso wie für Kommunen und Behörden oder Organisationen. Für Politiker als auch für das Gesundheitswesen mit Krankenhäusern, Ärzten und Pflegediensten. Für die Realwirtschaft und für die Geldwirtschaft. Für IT-Anwender, deren Einsatz seit der Corona-Pandemie auch im Home-Office stetig wichtiger wird, als auch für Kinder und Jugendliche, die im Falle einer Evakuierung ihre liebsten Gegenstände nicht zurücklassen wollen. Für jedermann.

Neben kurzen und prägnanten Definitionen zu den wichtigsten Schlagwörtern, finden Sie in diesem Buch Checklisten, die Sie nicht nur im Notfall, sondern auch für Ihre Urlaubsreisen und Ihren Alltag benutzen können. Ergänzen Sie diese bitte individuell und erstellen Sie weitere Checklisten nach Bedarf.

In diesem Ersten Allgemeinen Notfall-Handbuch ist vieles kurz gehalten, denn im Notfall zählt die Zeit und die nötigen Unterlagen müssen schnell bereitstehen. Direkte Schädigungen und Kollateralschäden sind zu minimieren. Der Normalzustand ist schnell wieder herzustellen.

Das Erste Allgemeine Notfall-Handbuch soll Sie mit der möglichen Bekämpfung unvorhersehbarer und plötzlich auftretender Schadensereignisse vertraut machen. Sie sollen für die Notwendigkeit präventiver Maßnahmen, eines Notfall-Konzeptes, eines Notfall-Handbuchs und von Notfall-Plänen sensibilisiert werden. Ihre Sensibilität und Aufgeschlossenheit gegenüber unwahrscheinlichen, seltenen und speziellen Ereignissen, die spürbare Spuren - einen Schaden - hinterlassen, kann Leben retten.

Sie müssen wissen, dass **Notfall-Konzepte**, **Notfall-Handbuch**, **Notfall-Check-listen** und **Notfall-Pläne** absolut nötig und wichtig sind; für jedermann. Üben Sie den Einsatz mit diesen Mitteln und stärken Sie Ihre eigenen Fähigkeiten zur Notfall-Abwehr. Seien Sie im Normalfall vorbereitet, um dann im Ernstfall schnell und entschlossen zu handeln.

Seien Sie aber trotz größter Herausforderungen und einer evtl. tiefgreifenden Not, positiv gestimmt; denn nach jeder Krise besteht die Chance für kurzfristige Reformen und dauerhafte Transformationen. Somit können Sie für einen nächsten Notfall noch besser aufgestellt sein. Latente oder sichtbare Notfälle, ob direkt oder kollateral, ausgelöst durch Energiewandel, Fachkräftemangel, Inflation, Krieg, Lieferkettenunterbrechungen, Pandemien, Rezession, Wassermangel oder Zinserhöhungen, oder durch andere Herausforderungen können Ihnen dann weniger anhaben.

Seien Sie stets flexibel, zuversichtlich und resilient.

Sichern Sie im Unternehmen die Aufrechterhaltung Ihres Geschäftsmodells und in der Behörde die Fähigkeit zur Erledigung der Aufgaben der öffentlichen Verwaltung bei unvorhersehbaren Schadens-, Notfall- und Sicherheitsereignissen. Bereiten Sie sich vor und minimieren Sie Ihr Risiko durch Präventionsmaßnahmen.

Stichworte zum Notfall

Der Notfall ist eingetreten und die Zeit läuft gegen Sie. Jetzt sollten Sie recht schnell das passende Hilfswort nebst Inhalt und Notfall-Plan finden. An dieser Stelle finden Sie die wichtigsten Schlag-/Stichworte zur inhaltlichen Erschließung der Begriffe um den Notfall und dessen erfolgreiche Bekämpfung.

A

B

G

H

I

N

O

P

R

S

W

Z

Definitionen zum Notfall

In diesem Kapitel finden Sie 30 Definitionen zum Notfall selbst und zu Begriffen rund um den Notfall. Not bezeichnet eine besonders schlimme Lage, in der jemand dringend Hilfe braucht und ein Mangel an lebenswichtigen Dingen herrscht. Synonyme für den Zustand der Not sind die Misere, der Jammer oder ein Elend. Ein Fall ist ein Ereignis.

Ein Notfall ist auch weit mehr als eine körperliche Versehrtheit, die mit einer Erste-Hilfe-Maßnahme beseitigt werden kann. Der Notfall ist eine Störung durch meist plötzliche Störfaktoren wie z.B. Unfälle, Brände, IT-Angriffe, Terroranschläge, Sabotage, Stofffreisetzungen in Luft, Boden und Wasser, durch Naturereignisse bzw. extreme Wetterlagen, oder durch Ausfall wichtiger betrieblicher Infrastrukturen, oder durch politische, technologische, ökologische oder soziale, kulturelle Veränderungen. Ein Notfall ist für jedes Unternehmen individuell zu definieren, um dann die Rückkehr zu seinem Normalzustand sicher zu stellen.

Der Notfall ist ein meist unvorhersehbares, sich langsam annäherndes oder akut auftretendes und begrenztes Schadensereignis mit schwerwiegender Folge.

Der Notfall…

… ist mehr als eine körperliche Verletzung.

… ist unwahrscheinlich und unvorhersehbar.

… kommt plötzlich, unerwartet, akut oder schleichend.

… ist ein unerwünschtes Ereignis.

… ist latent und kann dynamisch oder gar wandelnd sein.

… hinterlässt ein begrenztes Schadensereignis.

… kann auch zur Katastrophe mutieren.

… hat durch sein Auftreten schwerwiegende Folgen.

Der Notfall kann sich anschleichen und plötzlich explodieren. Er kann akut, somit also auch dringend, brennend, vordringlich oder unvermittelt, schnell und heftig auftreten. Er ist der plötzliche Ausgangspunkt, die Initialzündung für Katastrophen und er hat zu Beginn eine Chaosphase, in der Ratlosigkeit herrscht. Die Ursachen für einen Notfall können singulär oder multikausal sein. Zur Erkennung anschleichender Notfälle wird eine gewisse Notfall-Sensibilität vorausgesetzt und die größte Gefahr ist oft die Unterschätzung des Notfalles per se, oder seine möglichen Auswirkungen.

Die **Notfall-Checkliste** ist Teil des Notfall-Plans und ist präventiv zu erstellen. Handlungsanweisungen müssen übersichtlich, nicht zu lang, klar und detailliert formuliert werden. Geschlossene Fragestellungen (ja/nein) sind zu bevorzugen. Die Bundeswehr bezeichnet ihre Notfall-Checklisten als Alarmkalender. Aufgaben und Arbeitsschritte sind klar festgelegt.

Das **Notfall-Handbuch** ist das präventive Sammelwerk aller wichtigen Informationen für ein Unternehmen, die Behörde, die Organisation und von Privatpersonen - für jedermann - und das Regelwerk für eine Orientierung im Notfall, aber vor allem zur Umsetzung definierter Regelungen, um den Schaden zu minimieren.

Die **Nothilfe** ist die Hilfeleistung gegenüber jemandem, der sich in Not, also in einer besonders schlimmen Lage befindet.

Das **Notfall-Konzept** (auch als Business Continuity Management, kurz BCM, bezeichnet) ist der Masterplan zur Schadensminimierung als Antwort auf eines der obigen Szenarien. Dieses beinhaltet das Notfall-Management, das Notfall-Handbuch und die Notfall-Pläne nebst Sub-Notfall-Plänen. Dieses Konzept ist weit mehr als eine Gefährdungsanalyse und sie ermöglicht der Unternehmens-, oder Amts-, oder Behördenführung ein unternehmrisch verantwortungsvolles Handeln. Ihr Notfallkonzept ist der Masterplan für alle weiteren Schritte.

Aus diesem Rahmen heraus werden die Notfallpläne so erstellt, dass Sie sich innerhalb des Gesamtrahmes befinden und aufeinander abgestimmt werden. Nur dann sind sie effizient und machen Sinn.

Denken Sie beispielsweise an die zu ziehenden Lehren aus dem Unglück der Titanic von 1912. Hauptsächlich wegen der nicht ausreichenden Zahl an Rettungsbooten und der Unerfahrenheit der Besatzung im Umgang mit diesen, starben über 1500 Menschen. Die Aufrüstung mit Rettungsbooten war ab 1915 als Konsequenz aus dem Untergang der Titanic in den USA zur Pflicht geworden. So auch bei der Eastland, die am 24. Juli 1915 im Hafen von Chicago noch an der Kaimauer sank. Denn ausgerechnet die Maßnahme der Aufrüstung um Rettungsboote, verschlimmerte jedoch die Probleme mit der Stabilität des Schiffes. Die am Oberdeck angebrachten Rettungsboote brachten zusätzliches Gewicht und verlagerten den Schwerpunkt weiter nach oben. Als ein Kanurennen das Schiff an Backbord passierte und viele der 2.751 Passagiere backbords liefen um das Schauspiel zu beobachten, ruckte die Eastland einmal kräftig und kenterte. 845 Menschen fanden den Tod.

Die Bundeswehr bezeichnet ihr Notfall-Konzept als Alarmwesen. Ein Alarm ist ein Ereignis, das eine unverzügliche Reaktion erwartet. Die Truppe muss für den Ernstfall vorbereitet sein. Sie auch!

Das **Notfall-Management** ist nur bedingt ein Schadenmanagement, nämlich wenn der Schaden eingetreten ist, ihn zu minimieren und schnell aufzuheben, damit die (gewohnte) Normalität wiederhergestellt werden kann. Notfall-Management ist auch nur bedingt, aber schon eher ein Risikomanagement. Denn der Aspekt der Eventualität, dass mit einer unbekannten oder niedrigen Wahrscheinlichkeit ein Schaden eintreten könnte, wird auch beim Notfall-Management betrachtet.

Ihr **Notfall-Management vor dem Notfall**: sich Gedanken, einen Plan über potentielle, unerwünschte, gefährliche Situationen zu machen, deren Eintreten sehr unwahrscheinlich, aber andererseits jederzeit möglich ist, also die Vorbereitung auf die nötigen Reaktionen auf solch außergewöhnliche Schadensereignisse mit dem Ziel der Schadensbegrenzung. Prävention! Erklärung einige Seiten später.

Ihr **Notfall-Management während des Notfalls**: Notfallhandbuch abarbeiten und Schadensminimierung anstreben. Die Kommunikation aufrecht halten. Den Status Quo prüfen und die Maßnahmen immer wieder anpassen. Nutzen Sie aber auch Ihre Intuition, Ihre direkte Wahrnehmung der Sachverhalte. Bewahren Sie Ruhe, strahlen Sie Zuversicht aus und kommunizieren Sie Ihre Absichten. Intervention! Erklärung einige Seiten weiter.

Ihr **Notfall-Management nach dem Notfall**: Daten sammeln und die Ursachen und Wirkungen auswerten und in das Notfall-Konzept einfließen zu lassen, damit das Risiko einer Notfall-Wiederholung minimiert, ja ausgeschlossen werden kann. Postvention! Erklärung sieben Seiten weiter.

Der **Notfall-Plan** ist eine Verhaltensanweisung, ein Plan zum Normalzustand. Er ist die konkrete Abarbeitung von Szenarien, um Schadensauswirkungen zu minimieren. Hier dienen etablierte Abläufe und Meldewege. Er ist präventiv (im

Normalfall) zu erstellen und ständig zu aktualisieren, bzw. der Gefahrenlage anzupassen.

Die Bundeswehr bezeichnet ihren Notfall-Plan als Alarmplan. Ein sehr detaillierter Plan für den Ernstfall. Denn im Ernstfall ist keine Zeit für offene Fragen oder unklare Zuständigkeiten.

Eine **Notfall-Reserve** ist ein Vorrat oder eine Rücklage für den Notfall. In Bereitschaft stehendes zusätzliches, oder zunächst zurückgehaltenes Personal und Material.

Der **Notstand** besteht aus der Not, die wir schon als besonders schlimme Lage, in der ein Mangel an lebenswichtigen Dingen herrscht, beschrieben hatten und dem Stand, welcher den Zustand oder die Beschaffenheit einer Person oder einer Sache beschreibt. Der Notstand ist der Zustand gegenwärtiger Gefahr für rechtlich geschützte Interessen, dessen Abwendung nur auf Kosten fremder Interessen möglich ist. Notstand wird unterteilt in verfassungsrechtlichen und zivilrechtlichen Sinn. Weitere Unterteilungen finden sich in der allgemeinen Literatur im degressiven, im aggressiven, im rechtfertigenden und im entschuldigenden Notstand.

Der Eintritt eines Schadens muss im Sinne der Normen als wahrscheinlich gelten. Tritt in einem bestimmten Gebiet aufgrund von Nuturkatastrophen, Krieg, Aufruhr oder ähnlichen Fällen eine unüberschaubare Lage, also ein Notfall ein, kann der Notstand ausgerufen werden. Beim Notstand muss immer eine gefährliche Situation vorliegen, die durch schnelles und beherztes Handeln bereinigt werden muss.

Notwendigkeit ist die Wende aus der Situation der Not, ist das Erreichen eines nötigen, unerlässlichen Zustandes durch eine dringende, unbedingt erforderliche Maßnahme. Hierzu muss schnell und entschlossen gehandelt werden.

Der **Ernstfall** ist das tatsächliche Eintreten eines gefürchteten, gefährlichen Ereignisses, also einer kritischen Situation, in der ein als negativ eingeschätztes Ergebnis einzutreten droht.

Exposition ist Ihr persönlicher Abstand zu der Einwirkung der negativen Umgebungseinflüsse. Also Ihr unbeabsichtigter Kontakt zu dem externen Einfluss unter Einschluss von Wahrscheinlichkeit und Auswirkung des Schadens.

In der Biologie ist die Hybride eine Kreuzung aus verschiedenen Arten. In der Technik ist der Hybrid-Einsatz aus zweierlei verschiedenartiger Herkunft zusammengesetzt. Im Notfall-Handbuch soll aber der Aspekt eines modernen Konflikt-Szenarios, einer **Hybriden Bedrohungen** betrachtet werden, denn der Angreifer setzt auf eine Kombination aus klassischen Militäreinsätzen, wirtschaftlichem Druck und Sanktionen, Cyberattacken gegen die Gesellschaft, gegen die Politik und gegen die Wirtschaft und Propaganda in den sozialen Medien mit dem Ziel größtmöglichen Schaden zuzufügen und Ratlosigkeit zu verbreiten, die dann in Handlungsunfähigkeit mündet. Weiter ist die Destabilisierung der Gesellschaft und die Beeinflussung der öffentlichen Meinung wichtigstes Ziel des Angreifers, der hybride und multiple Taktiken oder hybride Kriegsführungen anwendet.

Das Besondere an der hybriden Kriegsführung ist die Verschleierungstaktik. Der Angreifer operiert anonym, über Dritte, oder er bestreitet die Beteiligung am Konflikt. Oft wird dabei kreativ koordiniert, ohne die Schwelle zu einem offiziellen Krieg zu überschreiten, was die Abwehr solcher Angriffe so schwierig macht. Denn wenn es keinen eindeutigen Angriff, oder Angreifer gibt, fällt die Reaktion der Gegenwehr oder Sanktionen schwer; darunter leidet die eigene Motivation. Mit dieser Waffe der Unberechenbarkeit fällt die Lagefeststellung im Notfall - sind wir noch im Frieden, oder herrscht schon Krieg - schwer. Die Ethik, also das spezifisch moralische Handeln, insbesondere hinsichtlich der Begründbarkeit des Angriffs, geht gänzlich verloren.

Gefahr ist eine Situation, die bei ungehindertem Ablauf des Geschehens zu einem Schaden führt, also zu einer nicht unerheblichen Beeinträchtigung für Personen, Sachen, Tiere oder Umwelt führt.

Gefährdung ist die Möglichkeit eines Schadenseintritts oder einer Beeinträchtigung, ohne bestimme Anforderungen an Auswirkungen oder Wahrscheinlichkeit des Eintritts.

Eine **Katastrophe** ist dann länger andauernd und meist mit einer großräumigen Schadenslage verbunden. Sie schädigt Mensch und Umwelt, sowie die Realwirtschaft. Die Situation verschlechtert sich ab dem Punkt, an dem die Katastrophe eintritt. Eine ständige, länger anhaltende und unausweichliche Verschlechterung der Lage ist die Tragik. Ein folgenschweres Unglücksereignis liegt vor. Die Katastrophe kann in der eigenen Organisation nicht mehr selbst behandelt werden. Zur Beseitigung der Katastrophe benötigen Sie Hilfe von außen, externen Sachverstand oder einen beratenden Sekundanten.

Von einem **Konflikt** wird gesprochen, wenn Interessen, Zielsetzungen oder

Wertvorstellungen von Personen, gesellschaftlichen Gruppen, Organisationen oder Staaten mit einander unvereinbar sind, oder unvereinbar erscheinen und diese Konfliktparteien aufeinandertreffen. Sonst liegen lediglich Meinungsverschiedenheiten oder unterschiedliche Standpunkte vor.

Ein **Krieg** ist ein Akt der Gewalt den Gegner wehrlos zu machen und ihn zur Erfüllung unseres Willens zu zwingen. Gewalt ist das Mittel, dem Feind unseren Willen auf zu dringen, der Zweck des Krieges. Um diesen Zweck zu erreichen, muss man den Gegner wehrlos machen und das ist dem Begriff nach, das eigentliche Ziel der kriegerischen Handlung.

Die **Krise** bezeichnet im Allgemeinen einen Höhepunkt oder Wendepunkt einer gefährlichen Konfliktentwicklung in einem natürlichen oder sozialen System, dem eine massive und problematische Funktionsstörung über einen gewissen Zeitraum vorausging und die eher kürzer als länger andauert. Die mit dem Wendepunkt verknüpfte Entscheidungssituation bietet in der Regel sowohl die Chance zur Lösung der Konflikte als auch die Möglichkeit zu deren Verschärfung. Die Krise kann in der eigenen Sub-Organisation, z.B. IT-Abteilung, nicht mehr selbst behandelt werden. Auch hier hilft nur Unterstützung von außen.

Als **Kollateralschaden** wird der Begleitschaden bei einer militärischen Aktion genannt, der nicht beabsichtigt ist und nicht in unmittelbarem Zusammenhang mit dem Ziel der Aktion steht, aber dennoch in Kauf genommen wird. Seit der Corona-Pandemie wird der Begriff auch im Gesundheitswesen und in der Ökonomie angewandt.

Ein **Plan** hat in Bezug auf Management und Organisationen die Bedeutung einer zumindest in schriftlicher oder zeichnerischer Form gebrachten Vorstellung von den Modalitäten, wie ein erstrebenswertes und definiertes Ziel erreicht werden kann. Die geistige und handwerkliche Tätigkeit zur Erstellung eines Plans wird Planung genannt.

Die **Planung** ist die Phase eines Plans vor Beginn der Realisierung. Der Zweck von Planung besteht darin, über eine realistische Vorgehensweise zu verfügen, wie ein Ziel auf möglichst direktem Weg erreicht werden kann. Die Planung beschreibt die menschliche Fähigkeit zur gedanklichen Vorwegnahme von Handlungsschritten und derer Alternativen (Plan B), also das Durchdenken von Maßnahmen, sowie von Mittel und Wegen zur zukünftigen und definierten Zielerreichung. Dabei entsteht ein Plan.

Die **Prognose** ist eine Voraus- oder Vorhersage, eine Prädiktion. Sie trifft Aussagen über Entwicklungen für die Zukunft und bedient sich dabei verschiedener

Methoden, wie z.B. Messungen, Simulationen und Wahrscheinlichkeitsrechnungen. Bei einer wissenschaftlichen Betrachtung von Prognosen ist die Kausalität, also die Betrachtung von Ursache und Wirkung, sowie die Voraussagbarkeit, also in wie weit überhaupt eine quantitative und qualitative Vorhersage geleistet werden kann, relevant.

Unter **Risiko** wird die Eintrittswahrscheinlichkeit eines Schadensereignisses verstanden. Hier wären 0% wünschenswert. Beim Komplementärbegriff der Sicherheit dagegen, sollten 100% angestrebt werden. Bei der Risikobetrachtung muss der Einzelfall und die Gesamtwahrscheinlichkeit differenziert betrachtet werden. Denn die Wahrscheinlichkeit für den Einzelfall erhöht sich, wenn der Einzelne öfters derselben Gefährdung ausgesetzt wird. Positiver dargestellt heißt das, dass die Wahrscheinlichkeit des 6 aus 49 Jackpots erhöht werden kann, wenn mehr Leute spielen und wenn diese öfter spielen oder mehrere Spiele gleichzeitig spielen.

Risiken für Personen, Unternehmen und Behörden/Ämter müssen unbedingt wahrgenommen werden. Ist die Risikowahrnehmung fehlerhaft, können einzelne Risiken wahrgenommen werden, andere vorhandene Risiken jedoch ausgeblendet. Die nach der Risiko-Identifikation dann folgenden Schritte im **Risikomanagement**, also die Analysen, die Bewertungen und die Bewältigungsmaßnahmen nebst Risikovorsorge, könnten alle fehlerhaft oder unvollständig sein, was die Eintrittswahrscheinlichkeit für einzelne Schadensereignisse nicht zwangsläufig erhöht, jedoch die Person, das Unternehmen, das Amt oder die Behörde in einer Sicherheit wähnt, die überhaupt nicht gegeben ist, was wiederum mittelbar zum Notfall führen kann.

Verlassen Sie sich nicht zu sehr auf die zielgerichtete und nach ökonomischen Prinzipien ausgerichtete menschliche Handlungsweise. Denn Formel 1 Piloten sind von Berufswegen lebenslang permanent einem sehr hohen Risiko ausgesetzt, wenn sie mit durchschnittlich 270 Km/h die 66 Runden einer Formel 1 Rennstrecke zurücklegen. Beim einfachen Skifahren oder Schneegleiten dagegen mag das Risiko sehr gering erscheinen und trotzdem kann das Schicksal unverständliche Wege gehen, wie der siebenfache Formel 1 Weltmeister Michael Schumacher erleiden musste. Die Araber setzten schon im 12. Jahrhundert Risiko und Schicksal gleich, während die Griechen darin das erfolgreiche Umsegeln einer gefährlichen Klippe sahen.

Der **Störfall** ist eine Störung des bestimmungsmäßen Betriebes einer technischen Anlage, insbesondere der chemischen Industrie, oder eines Kernkraftwerkes. Bestimmungsgemäß ist der Betrieb, für den die Anlage technisch ausgelegt und von der zuständigen Behörde genehmigt ist.

Transformation ist ein militärischer Begriff, der in jüngster Zeit auch in der Wirtschaft oft als Synonym für Strukturreformen genutzt wird und der die vorausschauende Gestaltung eines permanenten Prozesses zur Anpassung an die sich ständig ändernden Rahmenbedingungen mit dem Ziel der Erhöhung von Wirksamkeit im Einsatz bedeutet.

Prävention, Intervention und Postvention

Mit der Anwendung der folgenden drei Definitionen für Ihr Notfall-Management vor, während und nach dem Notfall, bekämpfen Sie den Notfall, greifen beherzt und gezielt ein sorgen nach, damit das nächste anstehende Unheil, der neue Notfall, erst nicht entstehen kann, bzw. milder verlaufen wird.

Prävention: Seien Sie auf die unwahrscheinlichsten Ereignisse vorbereitet. Beschreiben Sie Ihren Normalfall und definieren Sie Ihre Abweichungen im Notfall, oder in Ihren Notfällen. Denn diese können auch multipel und kollateral, also seitwärts gelegen und Sie nur tangierend betreffend, auftreten. Seien Sie mittels vorbeugender Gefahrenabwehr (z.B. Brandschutz) bitte präventiv.

> **Primärprävention**: Hier gilt die Entstehung von Krisen und Notfällen generell zu verhindern!

> **Sekundärprävention**: Intensivieren Sie Ihre Früherkennung. Bisher kein Schaden, aber ein erhöhtes Risiko.

> **Tertiärprävention**: Ein erster Schaden ist eingetreten. Verschlimmerung ist zu vermeiden; Intervention

Intervention: Nutzen Sie Ihr Notfall-Handbuch nebst Notfall-Plänen. Rufen Sie den Notfall aus und implementieren Sie Ihr Notfall-Management, Ihre Task Force. Leben Sie Ihren Notfall-Plan und passen Sie ihn ruhig auch mal intuitiv an. Leben Sie die operative Gefahrenabwehr (Feuerwehr löscht den Brand) und kommunizieren Sie Ihre nächsten Schritte zur Notfall-Bekämpfung und zwar häufig.

Postvention: Starten Sie mit der Aufhebung des Notfalls über die folgende Deeskalation zu den Analysen zum aktuellen Notfall mit Ursache und Wirkung, in die Normalität. Denken Sie bitte an Ihren Masterplan und die Wichtigkeit der einzelnen Notfall-Pläne und deren evtl. gegenseitige Abhängigkeit. Lassen Sie alle Verbesserungen und gewonnenen Erkenntnisse einfließen.

Notfall-Grundregelungen

Eine erfolgreiche Notfall-Bekämpfung bedarf zuerst einer erfolgreichen Notfall-Deutung und Erkennung dessen, einer geordneten und breit gestreuten Kommunikation, Grundregelungen und Strukturen, die in diesem Kapitel zusammengefasst sind. Das beginnt schon mit der Ansprechperson, dem Entscheidungsträger im Notfall. Ergänzen Sie bitte die vorgegebenen Tabellen und Muster mit Ihren Daten und Informationen für Sie direkt, für Ihre Familie und Ihr Unternehmen, bzw. Ihre Organisation und Behörde. Pflegen Sie diese Daten und überprüfen Sie diese unregelmäßig, denn nur aktuelle Daten sind brauchbar und hilfreich.

Für das Notfall-Handbuch verantwortliche Person

Name:	Vorname, Nachname
Funktion / Kontext:	z.B. Abteilung
Telefon:	z.B. +49 (123) 456789
Mobil:	z.B. +49 (123) 456789
Mail:	z.B. name@domain.de
Fax:	z.B. +49 (123) 456789
Anschrift:	Straße, Hausnr., PLZ, Ort, Land

Änderungsdienst und Gültigkeit Notfall-Handbuch

Aktuelle Version:	z.B. 2.0	Gültig von:	TT.MM.JJJJ	Gültig bis:	TT.MM.JJJJ
Frühere Version:	z.B. 1.0	Gültig von:	TT.MM.JJJJ	Gültig von:	TT.MM.JJJJ

Für das Notfall-Handbuch verantwortliches Team

Name:	Vorname, Nachname
Funktion / Kontext:	z.B. Abteilung
Telefon:	z.B. +49 (123) 456789
Mobil:	z.B. +49 (123) 456789
Mail:	z.B. name@domain.de
Fax:	z.B. +49 (123) 456789
Anschrift:	Straße, Hausnr., PLZ, Ort, Land

Name:	Vorname, Nachname
Funktion / Kontext:	z.B. Abteilung
Telefon:	z.B. +49 (123) 456789
Mobil:	z.B. +49 (123) 456789
Mail:	z.B. name@domain.de
Fax:	z.B. +49 (123) 456789
Anschrift:	Straße, Hausnr., PLZ, Ort, Land

Interne Führung

Organisation:	Name der Organisation
Name:	Vorname, Nachname
Funktion / Kontext:	z.B. Ordnungsamt
Telefon:	z.B. +49 (123) 456789
Mobil:	z.B. +49 (123) 456789
Mail:	z.B. name@domain.de
Fax:	z.B. +49 (123) 456789
Anschrift:	Straße, Hausnr., PLZ, Ort, Land

Organisation:	Name der Organisation
Name:	Vorname, Nachname
Funktion / Kontext:	z.B. Ordnungsamt
Telefon:	z.B. +49 (123) 456789
Mobil:	z.B. +49 (123) 456789
Mail:	z.B. name@domain.de
Fax:	z.B. +49 (123) 456789
Anschrift:	Straße, Hausnr., PLZ, Ort, Land

Übergeordnete Führung

Organisation:	Name der Organisation
Name:	Vorname, Nachname
Funktion / Kontext:	z.B. Ordnungsamt
Telefon:	z.B. +49 (123) 456789
Mobil:	z.B. +49 (123) 456789
Mail:	z.B. name@domain.de
Fax:	z.B. +49 (123) 456789
Anschrift:	Straße, Hausnr., PLZ, Ort, Land

Organisation:	Name der Organisation
Name:	Vorname, Nachname
Funktion / Kontext:	z.B. Ordnungsamt
Telefon:	z.B. +49 (123) 456789
Mobil:	z.B. +49 (123) 456789
Mail:	z.B. name@domain.de
Fax:	z.B. +49 (123) 456789
Anschrift:	Straße, Hausnr., PLZ, Ort, Land

Übergeordnete Organisationen

Stadt

Organisation:	Name der Organisation
Name:	Vorname, Nachname
Funktion / Kontext:	z.B. Ordnungsamt
Telefon:	z.B. +49 (123) 456789
Mobil:	z.B. +49 (123) 456789
Mail:	z.B. name@domain.de
Fax:	z.B. +49 (123) 456789
Anschrift:	Straße, Hausnr., PLZ, Ort, Land

Landkreis

Organisation:	Name der Organisation
Name:	Vorname, Nachname
Funktion / Kontext:	z.B. Ordnungsamt
Telefon:	z.B. +49 (123) 456789
Mobil:	z.B. +49 (123) 456789
Mail:	z.B. name@domain.de
Fax:	z.B. +49 (123) 456789
Anschrift:	Straße, Hausnr., PLZ, Ort, Land

Regierungspräsidium

Organisation:		Name der Organisation
Name:		Vorname, Nachname
Funktion / Kontext:		z.B. Ordnungsamt
Telefon:		z.B. +49 (123) 456789
Mobil:		z.B. +49 (123) 456789
Mail:		z.B. name@domain.de
Fax:		z.B. +49 (123) 456789
Anschrift:		Straße, Hausnr., PLZ, Ort, Land

Bundesland

Organisation:		Name der Organisation
Name:		Vorname, Nachname
Funktion / Kontext:		z.B. Ordnungsamt
Telefon:		z.B. +49 (123) 456789
Mobil:		z.B. +49 (123) 456789
Mail:		z.B. name@domain.de
Fax:		z.B. +49 (123) 456789
Anschrift:		Straße, Hausnr., PLZ, Ort, Land

Bund

Organisation:	Name der Organisation
Name:	Vorname, Nachname
Funktion / Kontext:	z.B. Ordnungsamt
Telefon:	z.B. +49 (123) 456789
Mobil:	z.B. +49 (123) 456789
Mail:	z.B. name@domain.de
Fax:	z.B. +49 (123) 456789
Anschrift:	Straße, Hausnr., PLZ, Ort, Land

Institutsgruppen

Organisation:	Name der Organisation
Name:	Vorname, Nachname
Funktion / Kontext:	z.B. Ordnungsamt
Telefon:	z.B. +49 (123) 456789
Mobil:	z.B. +49 (123) 456789
Mail:	z.B. name@domain.de
Fax:	z.B. +49 (123) 456789
Anschrift:	Straße, Hausnr., PLZ, Ort, Land

Holding

Organisation:		Name der Organisation
Name:		Vorname, Nachname
Funktion / Kontext:		z.B. Ordnungsamt
Telefon:		z.B. +49 (123) 456789
Mobil:		z.B. +49 (123) 456789
Mail:		z.B. name@domain.de
Fax:		z.B. +49 (123) 456789
Anschrift:		Straße, Hausnr., PLZ, Ort, Land

Investoren

Organisation:		Name der Organisation
Name:		Vorname, Nachname
Funktion / Kontext:		z.B. Ordnungsamt
Telefon:		z.B. +49 (123) 456789
Mobil:		z.B. +49 (123) 456789
Mail:		z.B. name@domain.de
Fax:		z.B. +49 (123) 456789
Anschrift:		Straße, Hausnr., PLZ, Ort, Land

Fluchtwege und Treffpunkte

Bitte definieren Sie Fluchtwege und Treffpunkte für sich und Ihre Familie, aber auch für die Mitarbeiterinnen und Mitarbeiter der Unternehmung, bzw. der Ämter und Dezernate mindestens für gängige Notfälle wie Brand oder Erdbeben. Denken Sie an Menschen mit Behinderungen, die evtl. mehr Platz oder Rampen benötigen. Halten Sie nicht nur in Schulen oder Universitäten einen Panikraum für Notfälle wie Amoklauf, Attentat, Sabotage etc. vor. Die Wege sollten kurz und sicher sein. Das Ziel, sei es auch nur eine temporäre Sicherheitszone, muss wohlbehütet sein. Sperren müssen bewacht werden, da sie sonst nicht taugen und von Dritten entfernt werden könnten.

Strecken-Festlegung Fluchtwege

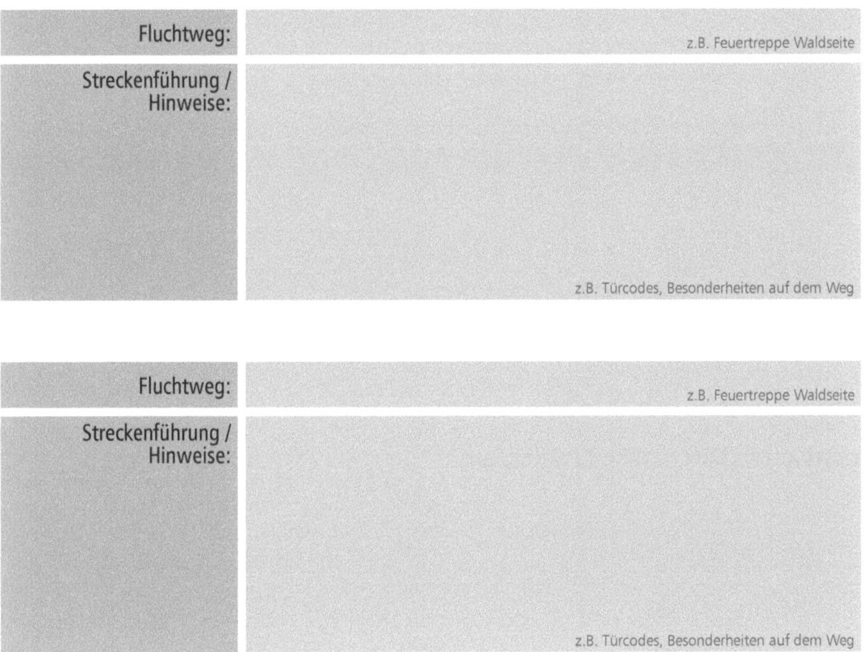

Orts-Festlegung Treffpunkte

Treffpunkt:
z.B. Parkplatz Lagerhalle

Hinweise:
z.B. Einschränkungen, Warnhinweise

Treffpunkt:
z.B. Parkplatz Lagerhalle

Hinweise:
z.B. Einschränkungen, Warnhinweise

Treffpunkt:
z.B. Parkplatz Lagerhalle

Hinweise:
z.B. Einschränkungen, Warnhinweise

Treffpunkt:
z.B. Parkplatz Lagerhalle

Hinweise:
z.B. Einschränkungen, Warnhinweise

Koordinaten Safe-House / Panikraum

Anschrift:
z.B. Straßenangabe, PLZ und Ort

Koordinaten / Lage:
z.B. GPS-Koordinaten oder Stockwerks-Angabe / Raumnummer

Hinweise:
z.B. Einschränkungen, Warnhinweise

Start der Notfall-Bekämpfung

Der Notfall ist eingetreten und nun muss er erkannt und sehr schnell bekämpft, der Schaden muss minimiert werden. Reduzieren Sie das zu erwartende übliche Chaos durch Verweis auf das Notfall-Konzept, der Ausstrahlung von Ruhe, aber auch durch Entschlossenheit und kommunizieren und leben Sie diese Beherztheit zur Bekämpfung. Nutzen Sie die zuvor eingetragenen Daten, oder verweisen Sie auf durchnummerierte Anhänge. Die Notfall-Feststellung muss so breit wie möglich kommuniziert werden.

Bitte überprüfen Sie regelmäßig die Gültigkeit von Telefonnummern!

Notfall-Festlegung

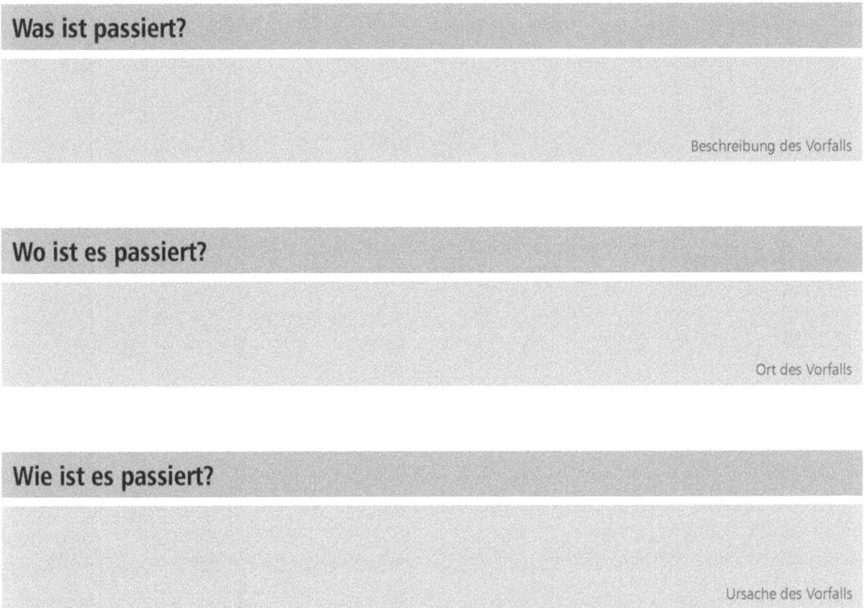

Wann ist es passiert?

Zeitpunkt des Vorfalls

Wer hat es erkannt?

Entdecker des Vorfalls

Wer hat es verursacht?

Verursacher des Vorfalls

Wo und wer bin ich?

Aktueller Standort des Nutzers

Notfall-Ausruf

Datum: TT.MM.JJJJ   Uhrzeit: hh:mm (UTC)   Ort: Ortsangabe

Wer ruft den Notfall aus?

Name:	Vorname, Nachname
Funktion / Kontext:	z.B. Abteilung
Telefon:	z.B. +49 (123) 456789
Mobil:	z.B. +49 (123) 456789
Mail:	z.B. name@domain.de
Fax:	z.B. +49 (123) 456789
Anschrift:	Straße, Hausnr., PLZ, Ort, Land

Notruf wurde gemeldet an:

Name:	Vorname, Nachname
Funktion / Kontext:	z.B. Abteilung
Telefon:	z.B. +49 (123) 456789
Mobil:	z.B. +49 (123) 456789
Mail:	z.B. name@domain.de
Fax:	z.B. +49 (123) 456789
Anschrift:	Straße, Hausnr., PLZ, Ort, Land

Notrufannahme wurde bestätigt von:

Name:	Vorname, Nachname
Funktion / Kontext:	z.B. Abteilung
Telefon:	z.B. +49 (123) 456789
Mobil:	z.B. +49 (123) 456789
Mail:	z.B. name@domain.de
Fax:	z.B. +49 (123) 456789
Anschrift:	Straße, Hausnr., PLZ, Ort, Land

Schlüsselverzeichnis

Wer hat die **Schlüssel** und somit **Zugang** zu wichtigen, vertraulichen oder geheimen Räumen, Medikamenten, Toxinen oder Dokumenten? Schlüssel müssen zwar verschlossen, aber für Befugte trotzdem gut zugänglich sein. Bitte überprüfen Sie regelmäßig Schlösser und Schlüssel!

Definieren Sie den Zweck und den Nutzen des Schlüssels, des Tokens, der Fernbedienung oder eines Codes oder sonstiger zugangsverschaffender Mittel. Handelt es sich um Räume für z.B. Dokumente oder Lebensmittel, oder um ein Areal für Menschen, also z.B. um einen Panik- oder Schutzraum mit einer Lüftung?

Schlüssel zu:	z.B. Aktenschrank, Lagerhalle o.ä.
Zugang zu / Inhalt Schließobjekt:	z.B. Unternehmensdokumente, Material o.ä.
Schlüsselnummer:	z.B. Kennziffer
Originalschlüssel?	☐ Ja ☐ Nein
Aufbewahrungsort / Schlüsselgewalt:	z.B. Schlüsselschrank, Person oder Funktionsträger
Weitere Exemplare:	z.B. Aufbewahrungsort, Schlüsselträger o.ä.
	z.B. Aufbewahrungsort, Schlüsselträger o.ä.

Schlüssel zu:	z.B. Aktenschrank, Lagerhalle o.ä.
Zugang zu / Inhalt Schließobjekt:	z.B. Unternehmensdokumente, Material o.ä.
Schlüsselnummer:	z.B. Kennziffer
Originalschlüssel?	❏ Ja ❏ Nein
Aufbewahrungsort / Schlüsselgewalt:	z.B. Schlüsselschrank, Person oder Funktionsträger
Weitere Exemplare:	z.B. Aufbewahrungsort, Schlüsselträger o.ä.
	z.B. Aufbewahrungsort, Schlüsselträger o.ä.

Schlüssel zu:	z.B. Aktenschrank, Lagerhalle o.ä.
Zugang zu / Inhalt Schließobjekt:	z.B. Unternehmensdokumente, Material o.ä.
Schlüsselnummer:	z.B. Kennziffer
Originalschlüssel?	❏ Ja ❏ Nein
Aufbewahrungsort / Schlüsselgewalt:	z.B. Schlüsselschrank, Person oder Funktionsträger
Weitere Exemplare:	z.B. Aufbewahrungsort, Schlüsselträger o.ä.
	z.B. Aufbewahrungsort, Schlüsselträger o.ä.

Schlüssel zu:	z.B. Aktenschrank, Lagerhalle o.ä.
Zugang zu / Inhalt Schließobjekt:	z.B. Unternehmensdokumente, Material o.ä.
Schlüsselnummer:	z.B. Kennziffer
Originalschlüssel?	❏ Ja ❏ Nein
Aufbewahrungsort / Schlüsselgewalt:	z.B. Schlüsselschrank, Person oder Funktionsträger
Weitere Exemplare:	z.B. Aufbewahrungsort, Schlüsselträger o.ä.
	z.B. Aufbewahrungsort, Schlüsselträger o.ä.

Schlüssel zu:	z.B. Aktenschrank, Lagerhalle o.ä.
Zugang zu / Inhalt Schließobjekt:	z.B. Unternehmensdokumente, Material o.ä.
Schlüsselnummer:	z.B. Kennziffer
Originalschlüssel?	☐ Ja ☐ Nein
Aufbewahrungsort / Schlüsselgewalt:	z.B. Schlüsselschrank, Person oder Funktionsträger
Weitere Exemplare:	z.B. Aufbewahrungsort, Schlüsselträger o.ä.
	z.B. Aufbewahrungsort, Schlüsselträger o.ä.

Notfall-Hilfe Deutschland

Bitte überprüfen Sie regelmäßig die Gültigkeit von Telefonnummern!

Organisation	Telefon	Internet
Polizei	110	www.polizei.de
Feuerwehr	112	-
Behördennummer	115	
Ärztlicher Notruf	116 117	www.116117.de
DRK Flugdienst	0221 917 499 39	www.drkflugdienst.de
Bundespolizei	0800 6 888 000	www.bundespolizei.de
Feldjäger / Militär-Polizei	0180 399 999	
Sperr-Notruf	116 116	

Individuelle Notfall-Hilfe Deutschland

Name: _______________ Vorname, Nachname

Organisation: _______________ Organisationszugehörigkeit

Telefon: _______________ z. B. +49 (123) 456789

Mobil: _______________ z. B. +49 (123) 456789

Digitalfunkfrequenz: _______________

Funkmelder / Pager: _______________

Mail: _______________ z. B. name@domain.de

Name: _______________ Vorname, Nachname

Organisation: _______________ Organisationszugehörigkeit

Telefon: _______________ z. B. +49 (123) 456789

Mobil: _______________ z. B. +49 (123) 456789

Digitalfunkfrequenz: _______________

Funkmelder / Pager: _______________

Mail: _______________ z. B. name@domain.de

Weitere-Hilfe-Leister Deutschland

Organisation	Internet
Arbeiter-Samariter-Bund	www.asb.de
Bundesforschung für Arzneimittel, Paul-Ehrlich-Institut	www.pei.de
Bundesamt für Bevölkerungsschutz und Katastrophenhilfe	www.bbk.bund.de
Bundesgesundheitsministerium	www.bmg.bund.de
Bundesanstalt für Gewässerkunde	www.bafg.de
Bundesforschung für Infektionskrankheiten Robert Koch-Institut	www.rki.de
Bundesanstalt für Landwirtschaft und Ernährung	www.ble.de
Bundesforschung für Lebensmittel Max-Rubner-Institut	www.mri.bund.de
Bundesamt für Verbraucherschutz und Lebensmittelsicherheit	www.bvl.bund.de
Bundeskriminalamt	www.bka.de
Bundespolizei	www.bundespolizei.de
Bundesamt für Strahlenschutz	www.bfs.de
Cellbroadcasting	www.warnung.bund.de
Die Johanniter Unfallhilfe	www.juh.de
Deutsche Lebens-Rettungs-Gesellschaft	www.dlrg.de
Deutsches Rotes Kreuz	www.drk.de
Malteser	www.malteser.de
NINA (Notfall-Informations und Nachrichten-App)	www.bbk.bund.de
NORA (Bundesländer-Notfall-App)	www.nora.notruf.de

Organisation	Internet
Technisches Hilfswerk	www.thw.de
Zoll	www.zoll.de

Modulare Warnsysteme

Ein vom Bundesamt für Bevölkerungsschutz und Katastrophenhilfe entwickeltes System zur Warnung der Bevölkerung in Deutschland für Zivilschutzlagen, das den Ländern zugleich zur Warnung vor Katastrophen zur Verfügung steht, ist das heutige **MoWaS** (Modulares Warnsystem), das seit 1992 die allgemeinen Sirenen ersetzt. Seit Herbst 2022 wird in Deutschland ein nationaler Warn-Service, das Cellbroadcast-System für empfangsbereite Geräte in einer Funkzelle angeboten und ist somit die deutsche Umsetzung des European Public Warning Systems. Cellbroadcast ist die Ergänzung zu **NINA**, **NORA** und **Katwarn**.

Die schnelle Übermittlung von Gefahrendurchsagen wird durch eine Vielzahl von Warnmultiplikatoren und Warnmitteln (alle öffentlich-rechtlichen Rundfunkanstalten, 45 überregionale und 80 lokale Rundfunkbetreiber), durch digitale Stadtanzeigetafeln und durch Telekommunikationsunternehmen, aber auch durch die Deutsche Bahn AG gesichert und soll eine Sensibilisierung, einen Weckeffekt gewährleisten.

Die Ergebnisse eines bundesweiten MoWaS-Tests im September 2020 waren derartig miserabel, dass der Test 2022 aktualisiert und - um Cellbroadcast (Warnhinweise direkt auf das Handy) ergänzt - wiederholt wurde. Dieser neuerliche, bundesweite Warntag im September 2022 zeigte erneut Schwachstellen im MoWaS auf, weshalb viele Städten und Gemeinden das Netz der 15.000 Sirenen ausbauen wollten.

Sirenen-Warntöne Deutschland

Allgemeine Warnung: Einminütiger, auf- und abschwellender Heulton

Entwarnung: Einminütiger, gleichbleibender Dauerton

Weitere Informationen zu Sirenensignalen finden Sie unter www.bbk.bund.de

Notfall-Hilfe Schweiz

Bitte überprüfen Sie regelmäßig die Gültigkeit von Telefonnummern!

Organisation	Telefon	Internet
Polizei	117	www.polizei.ch
Feuerwehr	118	www.swissfire.ch
Ärztlicher Notruf	144	
Internationaler Notruf	112	
Rettungswacht	1414	
Lawinenbulletin	187	
Erste Hilfe Info		www.erstehilfe.ch

Individuelle Notfall-Hilfe Schweiz

Name:	Vorname, Nachname
Organisation:	Organisationszugehörigkeit
Telefon:	z. B. +49 (123) 456789
Mobil:	z. B. +49 (123) 456789
Digitalfunkfrequenz:	
Funkmelder / Pager:	
Mail:	z. B. name@domain.de

Weitere-Hilfe-Leister Schweiz

Organisation	Internet
Bundesamt für Bevölkerungsschutz BABS	www.babs.admin.ch
Nationales Zentrum für Cybersicherheit	www.ncsc.admin.ch
Bundesanstalt für Gesundheit	www.bag.admin.ch
Bundeskriminalpolizei	www.polizei.ch
Bundesamt für Polizei	www.fedpol.admin.ch
Eidgenössisches Departement für auswärtige Angelegenheiten	www.eda.admin.ch
Eidgenössisches Departement des Inneren	www.edi.admin.ch
Eidgenössisches Departement für Verteidigung, Bevölkerungsschutz und Sport	www.vbs.admin.ch
Melde und Analysestelle Informationssicherung	www.isb.admin.ch und www.melani.admin.ch
Luftrettung über Swiss Helikopter	www.swisshelikopter.ch
Schweizerische Rettungs-Flugwacht	www.rega.ch
Zivilschutz	www.zivilschutz.admin.ch
Eidgenössische Zollverwaltung	www.ezv.admin.ch

Sirenen-Warntöne Schweiz

Die Schweiz verfügt über ein flächendeckendes Sirenennetz und stellt mit ihren 5.000 stationären und ca. 2.200 mobilen Sirenen grundsätzlich eine hohe Erreichbarkeit der Bevölkerung sicher. 23 weitere Sirenen befinden sich im Fürstentum Lichtenstein. Die Sirenen werden jeden ersten Mittwoch im Monat Februar des Jahres getestet. Die Sirenen informieren über allgemeine Alarme, wenn eine Gefährdung der Bevölkerung möglich ist und kündigen damit Verhaltensanweisungen oder amtliche Mitteilungen an.

Unterhalb von Stauanlagen wird der Wasseralarm eingesetzt. Er fordert zum sofortigen Verlassen des Gebietes auf.

Allgemeiner Alarm: ein regelmäßiger auf- und absteigender Ton von einer Minute Dauer und einer Wiederholung innerhalb fünf Minuten.

Wasseralarm: zwölf tiefe Dauertöne von je 20 Sekunden in Abständen von je zehn Sekunden

Entwarnung: Einminütiger, gleichbleibender Dauerton

Alarmierungen finden in der Schweiz auch über Apps und Webseiten statt. Dort werden z.B. unter **MELANI** oder **NCSC** oder über die Alarm-App **Alertswiss** detaillierte und visuelle Informationen zu Ereignissen, zu Orten und Auswirkungen und zu Verhaltensanweisungen mitgeteilt.

Unter melani.admin.ch oder ncsc.admin.ch oder babs.admin.ch finden sich weitere und hilfreiche Informationen.

Cyber-Notfall-Hilfe MELANI

Die Schweiz bietet die Melde- und Analysestelle für Informationssicherung MELANI ist eine staatliche Organisation der Schweiz, die über aktuelle IT-Vorfälle, Gefahren und Trends im Bereich Sicherheit im Internet informiert. Sie dient jedem Internetnutzer und klein- und mittelständischen Unternehmen, die wenig oder kein Know-How zum Thema Cybersicherheit haben. MELANI informiert auch über Präventionsmöglichkeiten und gibt Anleitungen zu Verhaltensregeln.

Unternehmen der kritischen Infrastrukturen wie Energie-Versorger, Hospitäler oder aus dem Bereich Telekommunikation sind in einem speziellen Bereich zusammengefasst, da sie erhöhten Bedarf an IT-Sicherheit haben.

MELANI nimmt auch Meldungen von IT-Schwachstellen und Cyber-Vorfällen entgegen.

Cyber-Notfall-Hilfe NCSC

Das Nationale Zentrum für Cybersicherheit NCSC der Schweiz, ist das Kompetenzzentrum für Cybersicherheit in Helvetia. Es dient als primäre Anlaufstelle für die Bevölkerung, aber auch für Unternehmen und Verwaltungen. Das NCSC bildet die Erweiterung von MELANI und baut auf deren Kompetenzen und Fachstellen auf.

Der Bundesrat hat eine Nationale Strategie zum Schutz der Schweiz vor Cyber-Risiken erarbeitet und verabschiedet. Diese Strategie reicht vom Kompetenzaufbau und der Stärkung des Vorfall- und Krisenmanagements, bis hin zu Cyber-Strafverfolgungen und Maßnahmen der Cyber-Abwehr durch die Armee und des Nachrichtendienstes des Bundes.

Auch das NCSC nimmt Meldungen von IT-Schwachstellen und Cyber-Vorfällen entgegen.

Notfall-Hilfe für Menschen mit Beeinträchtigungen

Der Notfall kann auch Menschen mit z.B. Sprach-, Hör- oder Körperbeeinträchtigung treffen. Dann müssen diese Menschen Ihre Not kundtun und Ihren Hilfe- und Unterstützungsbedarf äußern können.

Eine Sprachbehinderung liegt vor, wenn die Fähigkeit leidet, sprachliche Strukturen für die Kommunikation zu verwenden. Bei der Hörbeeinträchtigung kommt es zu einer verschieden stark ausgeprägten Minderung des Hörvermögens. Diese wird in schwerhörig, gehörlos oder auch ertaubt unterschieden.

Diese Gruppe von Menschen kann sich mit einem Fax-Formular auf einen Notfall vorbereiten. Das Formular ist dann nur noch abzusenden. Alternativ sind Apps wie NORA oder myMMXtc anzuwenden.

Hilfe erhalten Sie z.B. bei: Gehörlosenverband Berlin e.V. unter:

www.deafberlin.de und über info@deafberlin.de
Fax: +49 (30) 2517053

Hilfe erhalten Sie auch bei: TESS-Gebärdensprachdienst für gehörgeschädigte Menschen GmbH in Rendsburg unter:

www.tess-relay-dienste.de und über info@tess-relay-dienste.de
Fax: +49-4331-5897-45

Der Notfall kann auch die Gruppen von Menschen, die infolge einer körperlichen oder einer anderen organischen Schädigung, oder einer chronischen Krankheit so in ihren Verhaltensmöglichkeiten beeinträchtigt sind, dass ihre Selbstverwirklichung erschwert ist, treffen. Dies trifft auch für individuelle

Krankheitsfolgen und ihren Wechselwirkungen mit den Umweltbedingungen (z.B. Long-Covid) zu.

Hilfe erhalten Sie hierzu bei: Stiftung Myhandicap in St. Gallen

info@enableme.ch und Tel: +41-719114949

Notfall-Hilfe Europa

Das Zentrum für die Koordination von Notfall-Maßnahmen (Emergency Response Coordination Centre, **ERCC**) ist der funktionale Kern des EU-Katastrophenschutzverfahrens und koordiniert die Bereitstellung von Hilfsgütern, Fachwissen, Katastrophenschutzteams und Spezialausrüstung für die von einer Katastrophe betroffenen Länder. Die Hauptaufgabe des ERCC besteht aus dem Sammeln, der Analyse, dem Koordinieren und dem Weitergeben von Echtzeit-Informationen.

Somit werden die Reaktionen auf Naturkatastrophen und vom Menschen verursachte Notfälle auf den Bedarf der Betroffenen zugeschnitten und die Hilfsmaßnahmen werden effizienter geleistet. Die Kommission hat deshalb und zur Stärkung der Koordinierung einen Europäischen Mechanismus zur Krisenvorsorge und Krisenreaktion im Bereich der Ernährungssicherheit (**EFSCM**) eingerichtet.

Weiter findet sich in EU-Leitinitiativen der Notfall-Plan zur Gewährung der Lebensmittelversorgung und Ernährungssicherheit in Krisenzeiten. Um den Übergang zu einem nachhaltigen Lebensmittelsystem voranzutreiben, hat die Kommission einen Rechtsrahmen für nachhaltige Lebensmittelsysteme für Ende 2023 angekündigt.

Das ERCC stellt Ausarbeitungen von Notfall-Plänen für Experten bereit. Sie finden das Zentrum für die Koordination von Notfall-Maßnahmen ERCC unter:

www.ec.europa.eu

Notfall-Befugnisse, Vollmachten, Verfügungen

Nicht nur für die Notfall-Bekämpfung bedarf es einer Regelung der Befugnisse. Nur wenn klar geregelt ist, wer z.B. Kapitän auf dem Schiff ist, kann das Unternehmen gut geführt werden. Deshalb muss schon lange vor dem Schadensereignis feststehen, wer im Fall der Fälle das Sagen hat und Anweisungen geben darf.

Wer ist befugt, wer ist berechtigt über Ihre Patientenverfügung, Vorsorgevollmacht, oder Betreuungsverfügung zu verfügen? Diese Positionen sollten Sie unbedingt heute schon im eigenen Interesse geregelt haben.

Wer sitzt im Krisenstab und in der Task Force und wer ist Verbindungsperson und wer ist Vertreter für den Ausfall der eingeplanten Person? Diese Parameter müssen als Teil einer Prävention besetzt sein.

Befugnisse

Befugnis:	Bezeichnung der Befugnis
Name:	Vorname, Nachname
Funktion / Abteilung:	z.B. Ordnungsamt
Telefon:	z.B. +49 (123) 456789
Mobil:	z.B. +49 (123) 456789
Mail:	z.B. name@domain.de
Fax:	z.B. +49 (123) 456789
Anschrift:	Straße, Hausnr., PLZ, Ort, Land

Befugnis:	Bezeichnung der Befugnis
Name:	Vorname, Nachname
Funktion / Abteilung:	z.B. Ordnungsamt
Telefon:	z.B. +49 (123) 456789
Mobil:	z.B. +49 (123) 456789
Mail:	z.B. name@domain.de
Fax:	z.B. +49 (123) 456789
Anschrift:	Straße, Hausnr., PLZ, Ort, Land

Befugnis:	Bezeichnung der Befugnis
Name:	Vorname, Nachname
Funktion / Abteilung:	z.B. Ordnungsamt
Telefon:	z.B. +49 (123) 456789
Mobil:	z.B. +49 (123) 456789
Mail:	z.B. name@domain.de
Fax:	z.B. +49 (123) 456789
Anschrift:	Straße, Hausnr., PLZ, Ort, Land

Vollmachten

Generalvollmacht

Vollmacht für:	Umfang der Vollmacht
Name:	Vorname, Nachname
Funktion / Abteilung:	z.B. Ordnungsamt
Telefon:	z.B. +49 (123) 456789
Mobil:	z.B. +49 (123) 456789
Mail:	z.B. name@domain.de
Fax:	z.B. +49 (123) 456789
Anschrift:	Straße, Hausnr., PLZ, Ort, Land

Vollmacht für:	Umfang der Vollmacht
Name:	Vorname, Nachname
Funktion / Abteilung:	z.B. Ordnungsamt
Telefon:	z.B. +49 (123) 456789
Mobil:	z.B. +49 (123) 456789
Mail:	z.B. name@domain.de
Fax:	z.B. +49 (123) 456789
Anschrift:	Straße, Hausnr., PLZ, Ort, Land

Vorsorgevollmacht

Vollmacht für:	
	Umfang der Vollmacht
Name:	
	Vorname, Nachname
Funktion / Abteilung:	
	z.B. Ordnungsamt
Telefon:	
	z.B. +49 (123) 456789
Mobil:	
	z.B. +49 (123) 456789
Mail:	
	z.B. name@domain.de
Fax:	
	z.B. +49 (123) 456789
Anschrift:	
	Straße, Hausnr., PLZ, Ort, Land

Vollmacht für:	
	Umfang der Vollmacht
Name:	
	Vorname, Nachname
Funktion / Abteilung:	
	z.B. Ordnungsamt
Telefon:	
	z.B. +49 (123) 456789
Mobil:	
	z.B. +49 (123) 456789
Mail:	
	z.B. name@domain.de
Fax:	
	z.B. +49 (123) 456789
Anschrift:	
	Straße, Hausnr., PLZ, Ort, Land

Handelsvollmacht

Vollmacht für:	
	Umfang der Vollmacht
Name:	
	Vorname, Nachname
Funktion / Abteilung:	
	z.B. Ordnungsamt
Telefon:	
	z.B. +49 (123) 456789
Mobil:	
	z.B. +49 (123) 456789
Mail:	
	z.B. name@domain.de
Fax:	
	z.B. +49 (123) 456789
Anschrift:	
	Straße, Hausnr., PLZ, Ort, Land

Vollmacht für:	
	Umfang der Vollmacht
Name:	
	Vorname, Nachname
Funktion / Abteilung:	
	z.B. Ordnungsamt
Telefon:	
	z.B. +49 (123) 456789
Mobil:	
	z.B. +49 (123) 456789
Mail:	
	z.B. name@domain.de
Fax:	
	z.B. +49 (123) 456789
Anschrift:	
	Straße, Hausnr., PLZ, Ort, Land

Prokura

Prokura für:	Umfang der Prokura
Name:	Vorname, Nachname
Funktion / Abteilung:	z.B. Ordnungsamt
Telefon:	z.B. +49 (123) 456789
Mobil:	z.B. +49 (123) 456789
Mail:	z.B. name@domain.de
Fax:	z.B. +49 (123) 456789
Anschrift:	Straße, Hausnr., PLZ, Ort, Land

Prokura für:	Umfang der Prokura
Name:	Vorname, Nachname
Funktion / Abteilung:	z.B. Ordnungsamt
Telefon:	z.B. +49 (123) 456789
Mobil:	z.B. +49 (123) 456789
Mail:	z.B. name@domain.de
Fax:	z.B. +49 (123) 456789
Anschrift:	Straße, Hausnr., PLZ, Ort, Land

Verfügungen

Betreuungsverfügung

Verfügung für:	*Umfang der Verfügung*
Name:	*Vorname, Nachname*
Ablageort:	*z.B. Notariat, Safe o.ä.*
Telefon:	*z.B. +49 (123) 456789*
Mobil:	*z.B. +49 (123) 456789*
Mail:	*z.B. name@domain.de*
Fax:	*z.B. +49 (123) 456789*
Anschrift:	*Straße, Hausnr., PLZ, Ort, Land*

Verfügung für:	*Umfang der Verfügung*
Name:	*Vorname, Nachname*
Ablageort:	*z.B. Notariat, Safe o.ä.*
Telefon:	*z.B. +49 (123) 456789*
Mobil:	*z.B. +49 (123) 456789*
Mail:	*z.B. name@domain.de*
Fax:	*z.B. +49 (123) 456789*
Anschrift:	*Straße, Hausnr., PLZ, Ort, Land*

Patientenverfügung

Verfügung für:	
	Umfang der Verfügung
Name:	
	Vorname, Nachname
Ablageort:	
	z.B. Notariat, Safe o.ä.
Telefon:	
	z.B. +49 (123) 456789
Mobil:	
	z.B. +49 (123) 456789
Mail:	
	z.B. name@domain.de
Fax:	
	z.B. +49 (123) 456789
Anschrift:	
	Straße, Hausnr., PLZ, Ort, Land

Verfügung für:	
	Umfang der Verfügung
Name:	
	Vorname, Nachname
Ablageort:	
	z.B. Notariat, Safe o.ä.
Telefon:	
	z.B. +49 (123) 456789
Mobil:	
	z.B. +49 (123) 456789
Mail:	
	z.B. name@domain.de
Fax:	
	z.B. +49 (123) 456789
Anschrift:	
	Straße, Hausnr., PLZ, Ort, Land

Notfall-Zuständigkeiten / Krisenstab / Notfall-Task-Force

Zuständigkeiten müssen klar geregelt sein. Jedermann muss wissen, wer die erste Eskalationsinstanz im Notfall ist. Wer koordiniert bei Sicherheits- und Notfall-Ereignissen das Krisenmanagement und wer leitet die Notfall-Intervention ein? Wer darf den Notfall-Plan aktivieren?

Aktivierung des Alarmierungsplans

Name:	*Vorname, Nachname*
Funktion / Kontext:	*z.B. Abteilung*
Telefon:	*z.B. +49 (123) 456789*
Mobil:	*z.B. +49 (123) 456789*
Mail:	*z.B. name@domain.de*
Fax:	*z.B. +49 (123) 456789*
Anschrift:	*Straße, Hausnr., PLZ, Ort, Land*

Notfallmeldung an übergeordnete Einheit

Name:	*Vorname, Nachname*
Funktion / Kontext:	*z.B. Abteilung*
Telefon:	*z.B. +49 (123) 456789*
Mobil:	*z.B. +49 (123) 456789*
Mail:	*z.B. name@domain.de*
Fax:	*z.B. +49 (123) 456789*
Anschrift:	*Straße, Hausnr., PLZ, Ort, Land*

Notfallannahmebestätigung der übergeordneten Einheit

Name:	Vorname, Nachname
Funktion / Kontext:	z.B. Abteilung
Telefon:	z.B. +49 (123) 456789
Mobil:	z.B. +49 (123) 456789
Mail:	z.B. name@domain.de
Fax:	z.B. +49 (123) 456789
Anschrift:	Straße, Hausnr., PLZ, Ort, Land

Krisenstab

Bildung / Einberufung

Name:	Vorname, Nachname
Funktion / Kontext:	z.B. Abteilung
Telefon:	z.B. +49 (123) 456789
Mobil:	z.B. +49 (123) 456789
Mail:	z.B. name@domain.de
Fax:	z.B. +49 (123) 456789
Anschrift:	Straße, Hausnr., PLZ, Ort, Land

Leitung

Name:	Vorname, Nachname
Funktion / Kontext:	z.B. Abteilung
Telefon:	z.B. +49 (123) 456789
Mobil:	z.B. +49 (123) 456789
Mail:	z.B. name@domain.de
Fax:	z.B. +49 (123) 456789
Anschrift:	Straße, Hausnr., PLZ, Ort, Land

Mitglieder

Name:	Vorname, Nachname
Funktion / Kontext:	z.B. Abteilung
Telefon:	z.B. +49 (123) 456789
Mobil:	z.B. +49 (123) 456789
Mail:	z.B. name@domain.de
Fax:	z.B. +49 (123) 456789
Anschrift:	Straße, Hausnr., PLZ, Ort, Land

Name:	Vorname, Nachname
Funktion / Kontext:	z.B. Abteilung
Telefon:	z.B. +49 (123) 456789
Mobil:	z.B. +49 (123) 456789
Mail:	z.B. name@domain.de
Fax:	z.B. +49 (123) 456789
Anschrift:	Straße, Hausnr., PLZ, Ort, Land

Notfall-Task-Force

Bildung / Einberufung

Name:	Vorname, Nachname
Funktion / Kontext:	z.B. Abteilung
Telefon:	z.B. +49 (123) 456789
Mobil:	z.B. +49 (123) 456789
Mail:	z.B. name@domain.de
Fax:	z.B. +49 (123) 456789
Anschrift:	Straße, Hausnr., PLZ, Ort, Land

Leitung

Name:	Vorname, Nachname
Funktion / Kontext:	z.B. Abteilung
Telefon:	z.B. +49 (123) 456789
Mobil:	z.B. +49 (123) 456789
Mail:	z.B. name@domain.de
Fax:	z.B. +49 (123) 456789
Anschrift:	Straße, Hausnr., PLZ, Ort, Land

Mitglieder

Name:	Vorname, Nachname
Funktion / Kontext:	z.B. Abteilung
Telefon:	z.B. +49 (123) 456789
Mobil:	z.B. +49 (123) 456789
Mail:	z.B. name@domain.de
Fax:	z.B. +49 (123) 456789
Anschrift:	Straße, Hausnr., PLZ, Ort, Land

Name:		Vorname, Nachname
Funktion / Kontext:		z.B. Abteilung
Telefon:		z.B. +49 (123) 456789
Mobil:		z.B. +49 (123) 456789
Mail:		z.B. name@domain.de
Fax:		z.B. +49 (123) 456789
Anschrift:		Straße, Hausnr., PLZ, Ort, Land

Kooperationen / Verbindungspersonen

Name:		Vorname, Nachname
Funktion / Kontext:		z.B. Abteilung
Telefon:		z.B. +49 (123) 456789
Mobil:		z.B. +49 (123) 456789
Mail:		z.B. name@domain.de
Fax:		z.B. +49 (123) 456789
Anschrift:		Straße, Hausnr., PLZ, Ort, Land

Name:	Vorname, Nachname
Funktion / Kontext:	z.B. Abteilung
Telefon:	z.B. +49 (123) 456789
Mobil:	z.B. +49 (123) 456789
Mail:	z.B. name@domain.de
Fax:	z.B. +49 (123) 456789
Anschrift:	Straße, Hausnr., PLZ, Ort, Land

Liste der Vertretungsberechtigungen

In den ersten Minuten der Notfall-Erkennung und bei der Notfall-Bekämpfung ist die Berechtigung der Vertretung des Unternehmens oder des Amtes eklatant und besonders wichtig.

Vertretungsberechtigung im Außenverhältnis

Name:	Vorname, Nachname
Funktion / Kontext:	z.B. Abteilung
Telefon:	z.B. +49 (123) 456789
Mobil:	z.B. +49 (123) 456789
Mail:	z.B. name@domain.de
Fax:	z.B. +49 (123) 456789
Anschrift:	Straße, Hausnr., PLZ, Ort, Land

Vertretungsberechtigung im Innenverhältnis

Name:	Vorname, Nachname
Funktion / Kontext:	z.B. Abteilung
Telefon:	z.B. +49 (123) 456789
Mobil:	z.B. +49 (123) 456789
Mail:	z.B. name@domain.de
Fax:	z.B. +49 (123) 456789
Anschrift:	Straße, Hausnr., PLZ, Ort, Land

Unterschriftenregelungen

Zeichnung für…	Person	Anmerkungen
Umfang der Berechtigung	Name des Berechtigten	z.B. Geltungszeitraum, 4-Augen-Prinzip o.ä.

Sekundanten, Befugte und unterstellte Abteilungen

Name:		Vorname, Nachname
Funktion / Kontext:		z.B. Abteilung
Telefon:		z.B. +49 (123) 456789
Mobil:		z.B. +49 (123) 456789
Mail:		z.B. name@domain.de
Fax:		z.B. +49 (123) 456789
Anschrift:		Straße, Hausnr., PLZ, Ort, Land

Name:		Vorname, Nachname
Funktion / Kontext:		z.B. Abteilung
Telefon:		z.B. +49 (123) 456789
Mobil:		z.B. +49 (123) 456789
Mail:		z.B. name@domain.de
Fax:		z.B. +49 (123) 456789
Anschrift:		Straße, Hausnr., PLZ, Ort, Land

Notfall-Bewältigung

Sofortige Notfall-Bewältigungsmaßnahmen

Hier finden Sie eine Neun-Punkte-Liste, erste Anregungen und Vorschläge, die Sie zeitnah nach der Notfall-Feststellung umsetzen sollten und die Sie bitte auf Ihre Bedürfnisse und die Ihrer Familie, auf Ihr Unternehmen oder Ihre Behörde / Ihr Amt individualisieren möchten. Befindet sich Ihr Amt oder Unternehmen in den Bergen, benötigen Sie wohl keine Schiffs-Anlegestelle, aber sicher einen Helikopter-Landeplatz.

1. Auswertung der aktuellen Gefahrenlage!
   Notfalllage erkennen, richtig deuten und beurteilen.
2. Definition der Gefahrenlage, des Notfalls!
   Je besser die Abweichungen zum Normalfall beschrieben werden, desto besser und schneller kann interveniert werden.
3. Ausrufen des Notfalls und wenn nötig Erste Hilfe leisten!
   Leisten Sie Erste Hilfe wo nötig, oder organisieren Sie diese.
4. Kommunikation der Lage, des Notfalls!
   Stellen Sie von Anfang an die Notfall-Kommunikation sicher. Sie entscheiden, was kommuniziert wird. Vermeiden Sie ein Vakuum der Informationen oder Nachrichten, was schnell zu schädlichen Spekulationen führen kann.
5. Start der Notfall-Bekämpfung!
   Sie bekämpfen den Notfall beherzt und entschlossen und aktivieren und verteilen Notfall-Pläne und befolgen die dortigen Schritte.
6. Notfallpläne aktivieren und abarbeiten!
   Jetzt ist es ernst. Alle Kraft nur zur Bekämpfung einsetzen.
7. Notfalllage überprüfen und Bekämpfung anpassen!
   Die Ursachen müssen regelmäßig überprüft werden. Brennt das Großfeuer noch und wird weiter Löschmittel benötigt?
8. Besondere Maßnahmen operativ ergreifen!
   Werden besondere Maßnahmen benötigt wie der Aufbau einer Energieversorgung, einer Löschwasserrückhaltung oder ein Landeplatz für Helikopter oder ein Verfügungsraum für das Material und Personal? Denken Sie bitte an die Verpflegung und evtl. Unterkunft der Notfall-Bekämpfer.

9. Notfall aufheben und analysieren!
   Der Notfall ist erfolgreich bekämpft. Er wird aufgehoben. Die Dokumente werden gesichert und gehen der Postvention, den Analysen zu, damit Sie beim nächsten Notfall noch besser dastehen.

Notfallpläne

Notfall-Pläne für Bewältigungsmaßnahmen

Notfall-Pläne sind die Herzkammer Ihres Notfall-Konzeptes. Hier sind alle schnell zu ergreifenden Maßnahmen und Handlungen Schritt für Schritt abgelegt. Der Notfall-Plan hilft Ihnen mit übersichtlichen Verfahrensanweisungen schnell und richtig zu reagieren. In ihm finden sich Checklisten, die im Fall der Fälle abzuarbeiten sind.

Der Notfall-Plan benötigt einen Namen, Titel und Bezug und muss gültig und genehmigt sein.

Plantitel:	z.B. Notfallplan Hochwasser
Erstellungsdatum:	TT.MM.JJJJ
Verfasser:	Autor
Version / Plannummer:	z.B. v2021-2
Ablage-/Speicherort:	z.B. Notfallordner

Plantitel:	z.B. Notfallplan Hochwasser
Erstellungsdatum:	TT.MM.JJJJ
Verfasser:	Autor
Version / Plannummer:	z.B. v2021-2
Ablage-/Speicherort:	z.B. Notfallordner

Plantitel:	z.B. Notfallplan Hochwasser
Erstellungsdatum:	TT.MM.JJJJ
Verfasser:	Autor
Version / Plannummer:	z.B. v2021-2
Ablage-/Speicherort:	z.B. Notfallordner

Besondere Notfallpläne

Ein Notfall per se ist schon außergewöhnlich, unwahrscheinlich oder unvorhersehbar, aber stets schmerzhaft. Ich habe Ihnen hier drei mögliche Notfälle vorgegeben, deren Eintrittswahrscheinlichkeit nicht unbedingt gering ist. Dann wären besondere Personen additiv zu unterrichten. Bitte definieren Sie für sich weitere besonders schwerwiegende Notfälle.

1. Tod des Unternehmers / Verwaltungschefs

Gesellschafter

Name:	Vorname, Nachname
Telefon:	z.B. +49 (123) 456789
Mobil:	z.B. +49 (123) 456789
Mail:	z.B. name@domain.de
Fax:	z.B. +49 (123) 456789
Anschrift:	Straße, Hausnr., PLZ, Ort, Land

Name:	Vorname, Nachname
Telefon:	z.B. +49 (123) 456789
Mobil:	z.B. +49 (123) 456789
Mail:	z.B. name@domain.de
Fax:	z.B. +49 (123) 456789
Anschrift:	Straße, Hausnr., PLZ, Ort, Land

Rechtsanwalt

Name:	Vorname, Nachname
Telefon:	z.B. +49 (123) 456789
Mobil:	z.B. +49 (123) 456789
Mail:	z.B. name@domain.de
Fax:	z.B. +49 (123) 456789
Anschrift:	Straße, Hausnr., PLZ, Ort, Land

Steuerberater

Name:	Vorname, Nachname
Telefon:	z.B. +49 (123) 456789
Mobil:	z.B. +49 (123) 456789
Mail:	z.B. name@domain.de
Fax:	z.B. +49 (123) 456789
Anschrift:	Straße, Hausnr., PLZ, Ort, Land

Wirtschaftsprüfer

Name:	Vorname, Nachname
Telefon:	z.B. +49 (123) 456789
Mobil:	z.B. +49 (123) 456789
Mail:	z.B. name@domain.de
Fax:	z.B. +49 (123) 456789
Anschrift:	Straße, Hausnr., PLZ, Ort, Land

Notar

Name:	Vorname, Nachname
Telefon:	z.B. +49 (123) 456789
Mobil:	z.B. +49 (123) 456789
Mail:	z.B. name@domain.de
Fax:	z.B. +49 (123) 456789
Anschrift:	Straße, Hausnr., PLZ, Ort, Land

Bankier

Name:	Vorname, Nachname
Telefon:	z.B. +49 (123) 456789
Mobil:	z.B. +49 (123) 456789
Mail:	z.B. name@domain.de
Fax:	z.B. +49 (123) 456789
Anschrift:	Straße, Hausnr., PLZ, Ort, Land

Beiratsvorsitzender

Name:	Vorname, Nachname
Telefon:	z.B. +49 (123) 456789
Mobil:	z.B. +49 (123) 456789
Mail:	z.B. name@domain.de
Fax:	z.B. +49 (123) 456789
Anschrift:	Straße, Hausnr., PLZ, Ort, Land

Beiräte

Name:	Vorname, Nachname
Telefon:	z.B. +49 (123) 456789
Mobil:	z.B. +49 (123) 456789
Mail:	z.B. name@domain.de
Fax:	z.B. +49 (123) 456789
Anschrift:	Straße, Hausnr., PLZ, Ort, Land

Name:	Vorname, Nachname
Telefon:	z.B. +49 (123) 456789
Mobil:	z.B. +49 (123) 456789
Mail:	z.B. name@domain.de
Fax:	z.B. +49 (123) 456789
Anschrift:	Straße, Hausnr., PLZ, Ort, Land

Leitung des Regierungspräsidiums

Name:	Vorname, Nachname
Telefon:	z.B. +49 (123) 456789
Mobil:	z.B. +49 (123) 456789
Mail:	z.B. name@domain.de
Fax:	z.B. +49 (123) 456789
Anschrift:	Straße, Hausnr., PLZ, Ort, Land

Abteilungs- / Dezernatsleiter

Name:	Vorname, Nachname
Telefon:	z.B. +49 (123) 456789
Mobil:	z.B. +49 (123) 456789
Mail:	z.B. name@domain.de
Fax:	z.B. +49 (123) 456789
Anschrift:	Straße, Hausnr., PLZ, Ort, Land

Abteilungs- / Referatsleiter

Name:	Vorname, Nachname
Telefon:	z.B. +49 (123) 456789
Mobil:	z.B. +49 (123) 456789
Mail:	z.B. name@domain.de
Fax:	z.B. +49 (123) 456789
Anschrift:	Straße, Hausnr., PLZ, Ort, Land

2. Ausbruch einer Infektionskrankheit im Unternehmen

Persönlicher Hausarzt

Name:	*Vorname, Nachname*
Telefon:	*z.B. +49 (123) 456789*
Mobil:	*z.B. +49 (123) 456789*
Mail:	*z.B. name@domain.de*
Fax:	*z.B. +49 (123) 456789*
Anschrift:	*Straße, Hausnr., PLZ, Ort, Land*

Betriebsarzt

Name:	*Vorname, Nachname*
Telefon:	*z.B. +49 (123) 456789*
Mobil:	*z.B. +49 (123) 456789*
Mail:	*z.B. name@domain.de*
Fax:	*z.B. +49 (123) 456789*
Anschrift:	*Straße, Hausnr., PLZ, Ort, Land*

Amtsarzt

Name:	*Vorname, Nachname*
Telefon:	*z.B. +49 (123) 456789*
Mobil:	*z.B. +49 (123) 456789*
Mail:	*z.B. name@domain.de*
Fax:	*z.B. +49 (123) 456789*
Anschrift:	*Straße, Hausnr., PLZ, Ort, Land*

3. Hackerangriff auf die Unternehmung mit Datendiebstahl

IT-Dienstleister

Name:	Vorname, Nachname
Telefon:	z.B. +49 (123) 456789
Mobil:	z.B. +49 (123) 456789
Mail:	z.B. name@domain.de
Fax:	z.B. +49 (123) 456789
Anschrift:	Straße, Hausnr., PLZ, Ort, Land

Datenschutzbeauftragter

Name:	Vorname, Nachname
Telefon:	z.B. +49 (123) 456789
Mobil:	z.B. +49 (123) 456789
Mail:	z.B. name@domain.de
Fax:	z.B. +49 (123) 456789
Anschrift:	Straße, Hausnr., PLZ, Ort, Land

Zuständige Datenschutzbehörde

Name:	Vorname, Nachname
Telefon:	z.B. +49 (123) 456789
Mobil:	z.B. +49 (123) 456789
Mail:	z.B. name@domain.de
Fax:	z.B. +49 (123) 456789
Anschrift:	Straße, Hausnr., PLZ, Ort, Land

Ein Notfall ist schon eine Besonderheit für sich und bringt Sie aus dem Gleichgewicht. Er ist ein Ausnahmezustand. Besondere Notfall-Pläne könnten benötigt werden, wenn besondere Notfälle passieren, wie z.B. der Tod des Seniorgesellschafters, der im mittelständischen Familien-Unternehmen die alleinige Unterschriftenbefugnis, die Schlüsselgewalt und weitere Entscheidungskompetenz innehat. Definieren Sie hier bitte eigene besondere Notfall-Pläne.

4. .....

5. .....

6. .....

7. .....

Notfall-Überprüfung

Notfall-Überprüfung I

Der Notfall muss von Zeit zu Zeit überprüft werden. Wie ist die jetzige Lage im Vergleich zur früheren Zeit, zum Notfall-Ausruf? Brauchen Sie weiter ein spezielles Bekämpfungsmittel, oder mehr Personal, oder sonstige Unterstützung?

Überprüft durch:	Vorname, Nachname
Funktion / Kontext:	z.B. Abteilung
Telefon:	z.B. +49 (123) 456789
Mobil:	z.B. +49 (123) 456789
Mail:	z.B. name@domain.de
Fax:	z.B. +49 (123) 456789
Anschrift:	Straße, Hausnr., PLZ, Ort, Land
Letzte Überprüfung:	hh:mm / TT.MM.JJJJ
Aktuelle Überprüfung:	hh:mm / TT.MM.JJJJ
Ergebnis / Abweichungen:	Feststellungen / Veränderungen
Notfall aufgelöst?	❑ Ja ❑ Nein

Weiterhin Notfall mit

❑ minimierter Intensität

❑ gleicher Intensität

❑ stärkerer Intensität

❑ deutlicher Verstärkung der Intensität

❑ sehr deutlicher Verstärkung der Intensität

❑ Steigerung zur Katastrophe

Notfall-Überprüfung II

Wie ist der Status Quo, die aktuelle Lage im Vergleich zur vorherigen Notfall-Überprüfung und zum Zeitpunkt des Notfall-Ausrufs?

Überprüft durch:	Vorname, Nachname
Funktion / Kontext:	z.B. Abteilung
Telefon:	z.B. +49 (123) 456789
Mobil:	z.B. +49 (123) 456789
Mail:	z.B. name@domain.de
Fax:	z.B. +49 (123) 456789
Anschrift:	Straße, Hausnr., PLZ, Ort, Land
Letzte Überprüfung:	hh:mm / TT.MM.JJJJ
Aktuelle Überprüfung:	hh:mm / TT.MM.JJJJ
Ergebnis / Abweichungen:	Feststellungen / Veränderungen
Notfall aufgelöst?	❏ Ja ❏ Nein

Weiterhin Notfall mit

❏ minimierter Intensität

❏ gleicher Intensität

❏ stärkerer Intensität

❏ deutlicher Verstärkung der Intensität

❏ sehr deutlicher Verstärkung der Intensität

❏ Steigerung zur Katastrophe

Notfall-Kommunikation

Kommunikation ist der Austausch oder die Übertragung von Informationen, die auf verschiedene Arten und auf verschiedenen Wegen stattfinden kann. Information ist in diesem Zusammenhang eine zusammenfassende Bezeichnung für Wissen, Erkenntnis, Erfahrung oder Empathie. Informationen rechtzeitig zu erhalten, kann Leben retten.

Kommunikation beginnt sogar weit vor dem Notfall, dem Schadensereignis. Jeder Mitarbeiter und Projektbeteiligte sollten zu jeder Zeit wissen, wer im Falle einer Unregelmäßigkeit anzusprechen sein wird und was bei solch einem außergewöhnlichen Ereignis dann zu tun ist.

Die Kommunikation darf nie vernachlässigt werden; auch nicht während der Notfallbekämpfung. Erst recht bedürfen die Menschen in solchen Situationen ständige Fürsorge und Informationen zum aktuellen Stand und zu dem, was noch zeitnah auf sie zukommt. Fehlende oder gar falsche Informationen verursachen Unsicherheit und können im Chaos enden. Die Meldeketten müssen geschlossen sein. Je mehr Personen wissen, dass ein Notfall vorliegt, desto besser. Somit wird die Flut von zeitraubenden Anfragen Dritter reduziert und der Geschädigte hat die Möglichkeit, mit einer Stimme aufzutreten.

Nicht umsonst werden in der Luftfahrt Anweisungen und beim Militär Befehle wiederholt und die Ausführungen gemeldet. Klare, aktualisierte und wahre, als auch vollständige Informationen an alle Beteiligten sind Grundvoraussetzungen für eine effiziente Notfall-Bekämpfung. Sie müssen unbedingt ein Informationsvakuum vermeiden; folglich suchen sich die Medien und Menschen im Allgemeinen ihre eigenen Informationsquellen. Dabei ist nicht sichergestellt, dass diese dann auch stimmen (Fake-News) bzw. dem entsprechen, was Sie eigentlich kommunizieren wollen.

Klar aktualisierte Kommunikation zum frühestmöglichen Zeitpunkt, ohne Mutmaßungen oder verfrühte Prognosen, ist eine wesentliche Komponente im Notfall-Konzept und bildet eine elementare Vertrauensbasis bei der Notfall-Bekämpfung.

Zuständig für die externe Notfall-Kommunikation

Name:	Vorname, Nachname
Funktion / Kontext:	z.B. Abteilung
Telefon:	z.B. +49 (123) 456789
Mobil:	z.B. +49 (123) 456789
Mail:	z.B. name@domain.de
Fax:	z.B. +49 (123) 456789
Anschrift:	Straße, Hausnr., PLZ, Ort, Land

Notfall-Meldung an externe / übergeordnete Organisationen

Stadt

Ansprechpartner:	Vorname, Nachname
Funktion / Kontext:	Abteilung, Dezernat
Telefon:	z.B. +49 (123) 456789
Mobil:	z.B. +49 (123) 456789
Mail:	z.B. name@domain.de
Fax:	z.B. +49 (123) 456789
Anschrift:	Straße, Hausnr., PLZ, Ort, Land

Annahmezeitpunkt:	hh:mm / TT.MM.JJJJ
Annahme durch:	Abteilung / Vorname, Nachname
Kommunikationsweg:	Angaben zum Mitteilungsweg
Hinweise:	Ergänzende Informationen

Landkreis

Ansprechpartner:	Vorname, Nachname
Funktion / Kontext:	Abteilung, Dezernat
Telefon:	z.B. +49 (123) 456789
Mobil:	z.B. +49 (123) 456789
Mail:	z.B. name@domain.de
Fax:	z.B. +49 (123) 456789
Anschrift:	Straße, Hausnr., PLZ, Ort, Land

Annahmezeitpunkt:	hh:mm / TT.MM.JJJJ
Annahme durch:	Abteilung / Vorname, Nachname
Kommunikationsweg:	Angaben zum Mitteilungsweg
Hinweise:	Ergänzende Informationen

Regierungspräsidium

Ansprechpartner:	Vorname, Nachname
Funktion / Kontext:	Abteilung, Dezernat
Telefon:	z.B. +49 (123) 456789
Mobil:	z.B. +49 (123) 456789
Mail:	z.B. name@domain.de
Fax:	z.B. +49 (123) 456789
Anschrift:	Straße, Hausnr., PLZ, Ort, Land

Annahmezeitpunkt:	hh:mm / TT.MM.JJJJ
Annahme durch:	Abteilung / Vorname, Nachname
Kommunikationsweg:	Angaben zum Mitteilungsweg
Hinweise:	Ergänzende Informationen

Bundesland

Ansprechpartner:	Vorname, Nachname
Funktion / Kontext:	Abteilung, Dezernat
Telefon:	z.B. +49 (123) 456789
Mobil:	z.B. +49 (123) 456789
Mail:	z.B. name@domain.de
Fax:	z.B. +49 (123) 456789
Anschrift:	Straße, Hausnr., PLZ, Ort, Land

Annahmezeitpunkt:	hh:mm / TT.MM.JJJJ
Annahme durch:	Abteilung / Vorname, Nachname
Kommunikationsweg:	Angaben zum Mitteilungsweg
Hinweise:	Ergänzende Informationen

Bund

Ansprechpartner:	Vorname, Nachname
Funktion / Kontext:	Abteilung, Dezernat
Telefon:	z.B. +49 (123) 456789
Mobil:	z.B. +49 (123) 456789
Mail:	z.B. name@domain.de
Fax:	z.B. +49 (123) 456789
Anschrift:	Straße, Hausnr., PLZ, Ort, Land

Annahmezeitpunkt:	hh:mm / TT.MM.JJJJ
Annahme durch:	Abteilung / Vorname, Nachname
Kommunikationsweg:	Angaben zum Mitteilungsweg
Hinweise:	Ergänzende Informationen

Institutsgruppen

Ansprechpartner:	
	Vorname, Nachname
Funktion / Kontext:	
	Abteilung, Dezernat

Telefon:	
	z.B. +49 (123) 456789
Mobil:	
	z.B. +49 (123) 456789
Mail:	
	z.B. name@domain.de
Fax:	
	z.B. +49 (123) 456789
Anschrift:	
	Straße, Hausnr., PLZ, Ort, Land

Annahmezeitpunkt:	
	hh:mm / TT.MM.JJJJ
Annahme durch:	
	Abteilung / Vorname, Nachname
Kommunikationsweg:	
	Angaben zum Mitteilungsweg
Hinweise:	
	Ergänzende Informationen

Holding

Ansprechpartner:	
	Vorname, Nachname
Funktion / Kontext:	
	Abteilung, Dezernat

Telefon:	
	z.B. +49 (123) 456789
Mobil:	
	z.B. +49 (123) 456789
Mail:	
	z.B. name@domain.de
Fax:	
	z.B. +49 (123) 456789
Anschrift:	
	Straße, Hausnr., PLZ, Ort, Land

Annahmezeitpunkt:	hh:mm / TT.MM.JJJJ
Annahme durch:	Abteilung / Vorname, Nachname
Kommunikationsweg:	Angaben zum Mitteilungsweg
Hinweise:	Ergänzende Informationen

Investoren

Ansprechpartner:	Vorname, Nachname
Funktion / Kontext:	Abteilung, Dezernat
Telefon:	z.B. +49 (123) 456789
Mobil:	z.B. +49 (123) 456789
Mail:	z.B. name@domain.de
Fax:	z.B. +49 (123) 456789
Anschrift:	Straße, Hausnr., PLZ, Ort, Land

Annahmezeitpunkt:	hh:mm / TT.MM.JJJJ
Annahme durch:	Abteilung / Vorname, Nachname
Kommunikationsweg:	Angaben zum Mitteilungsweg
Hinweise:	Ergänzende Informationen

Ansprechpartner:	
	Vorname, Nachname
Funktion / Kontext:	
	Abteilung, Dezernat
Telefon:	
	z.B. +49 (123) 456789
Mobil:	
	z.B. +49 (123) 456789
Mail:	
	z.B. name@domain.de
Fax:	
	z.B. +49 (123) 456789
Anschrift:	
	Straße, Hausnr., PLZ, Ort, Land

Annahmezeitpunkt:	
	hh:mm / TT.MM.JJJJ
Annahme durch:	
	Abteilung / Vorname, Nachname
Kommunikationsweg:	
	Angaben zum Mitteilungsweg
Hinweise:	
	Ergänzende Informationen

Presse, TV, Radio, Blogger, Influencer & Social Media

Ansprechpartner:	
	Vorname, Nachname
Funktion / Kontext:	
	Abteilung, Dezernat
Telefon:	
	z.B. +49 (123) 456789
Mobil:	
	z.B. +49 (123) 456789
Mail:	
	z.B. name@domain.de
Fax:	
	z.B. +49 (123) 456789
Anschrift:	
	Straße, Hausnr., PLZ, Ort, Land

Annahmezeitpunkt:	hh:mm / TT.MM.JJJJ
Annahme durch:	Abteilung / Vorname, Nachname
Kommunikationsweg:	Angaben zum Mitteilungsweg
Hinweise:	Ergänzende Informationen

Ansprechpartner:	Vorname, Nachname
Funktion / Kontext:	Abteilung, Dezernat
Telefon:	z.B. +49 (123) 456789
Mobil:	z.B. +49 (123) 456789
Mail:	z.B. name@domain.de
Fax:	z.B. +49 (123) 456789
Anschrift:	Straße, Hausnr., PLZ, Ort, Land

Annahmezeitpunkt:	hh:mm / TT.MM.JJJJ
Annahme durch:	Abteilung / Vorname, Nachname
Kommunikationsweg:	Angaben zum Mitteilungsweg
Hinweise:	Ergänzende Informationen

Ansprechpartner:	Vorname, Nachname
Funktion / Kontext:	Abteilung, Dezernat
Telefon:	z.B. +49 (123) 456789
Mobil:	z.B. +49 (123) 456789
Mail:	z.B. name@domain.de
Fax:	z.B. +49 (123) 456789
Anschrift:	Straße, Hausnr., PLZ, Ort, Land

Annahmezeitpunkt:	hh:mm / TT.MM.JJJJ
Annahme durch:	Abteilung / Vorname, Nachname
Kommunikationsweg:	Angaben zum Mitteilungsweg
Hinweise:	Ergänzende Informationen

Meldung der Notfallüberprüfungen

Meldung an Krisenstab

Ansprechpartner:	
	Vorname, Nachname
Funktion / Kontext:	
	Abteilung, Dezernat
Telefon:	
	z.B. +49 (123) 456789
Mobil:	
	z.B. +49 (123) 456789
Mail:	
	z.B. name@domain.de
Fax:	
	z.B. +49 (123) 456789
Anschrift:	
	Straße, Hausnr., PLZ, Ort, Land
Annahmezeitpunkt:	
	hh:mm / TT.MM.JJJJ
Annahme durch:	
	Abteilung / Vorname, Nachname
Kommunikationsweg:	
	Angaben zum Mitteilungsweg
Hinweise:	
	Ergänzende Informationen

Meldung an Task-Force

Ansprechpartner:	
	Vorname, Nachname
Funktion / Kontext:	
	Abteilung, Dezernat
Telefon:	
	z.B. +49 (123) 456789
Mobil:	
	z.B. +49 (123) 456789
Mail:	
	z.B. name@domain.de
Fax:	
	z.B. +49 (123) 456789
Anschrift:	
	Straße, Hausnr., PLZ, Ort, Land

Annahmezeitpunkt:	
	hh:mm / TT.MM.JJJJ
Annahme durch:	
	Abteilung / Vorname, Nachname
Kommunikationsweg:	
	Angaben zum Mitteilungsweg
Hinweise:	
	Ergänzende Informationen

Meldung an übergeordnete Einheit

Ansprechpartner:	
	Vorname, Nachname
Funktion / Kontext:	
	Abteilung, Dezernat
Telefon:	
	z.B. +49 (123) 456789
Mobil:	
	z.B. +49 (123) 456789
Mail:	
	z.B. name@domain.de
Fax:	
	z.B. +49 (123) 456789
Anschrift:	
	Straße, Hausnr., PLZ, Ort, Land

Annahmezeitpunkt:	
	hh:mm / TT.MM.JJJJ
Annahme durch:	
	Abteilung / Vorname, Nachname
Kommunikationsweg:	
	Angaben zum Mitteilungsweg
Hinweise:	
	Ergänzende Informationen

Meldung an Dezernate, Abteilungen

Ansprechpartner:	
	Vorname, Nachname
Funktion / Kontext:	
	Abteilung, Dezernat
Telefon:	
	z.B. +49 (123) 456789
Mobil:	
	z.B. +49 (123) 456789
Mail:	
	z.B. name@domain.de
Fax:	
	z.B. +49 (123) 456789
Anschrift:	
	Straße, Hausnr., PLZ, Ort, Land

Annahmezeitpunkt:	
	hh:mm / TT.MM.JJJJ
Annahme durch:	
	Abteilung / Vorname, Nachname
Kommunikationsweg:	
	Angaben zum Mitteilungsweg
Hinweise:	
	Ergänzende Informationen

Ansprechpartner:	
	Vorname, Nachname
Funktion / Kontext:	
	Abteilung, Dezernat

Telefon:	
	z.B. +49 (123) 456789
Mobil:	
	z.B. +49 (123) 456789
Mail:	
	z.B. name@domain.de
Fax:	
	z.B. +49 (123) 456789
Anschrift:	
	Straße, Hausnr., PLZ, Ort, Land

Annahmezeitpunkt:	
	hh:mm / TT.MM.JJJJ
Annahme durch:	
	Abteilung / Vorname, Nachname
Kommunikationsweg:	
	Angaben zum Mitteilungsweg
Hinweise:	
	Ergänzende Informationen

Meldung an Sonstige / Dritte

Ansprechpartner:	
	Vorname, Nachname
Funktion / Kontext:	
	Abteilung, Dezernat

Telefon:	
	z.B. +49 (123) 456789
Mobil:	
	z.B. +49 (123) 456789
Mail:	
	z.B. name@domain.de
Fax:	
	z.B. +49 (123) 456789
Anschrift:	
	Straße, Hausnr., PLZ, Ort, Land

Annahmezeitpunkt:
hh:mm / TT.MM.JJJJ

Annahme durch:
Abteilung / Vorname, Nachname

Kommunikationsweg:
Angaben zum Mitteilungsweg

Hinweise:
Ergänzende Informationen

Ansprechpartner:
Vorname, Nachname

Funktion / Kontext:
Abteilung, Dezernat

Telefon:
z.B. +49 (123) 456789

Mobil:
z.B. +49 (123) 456789

Mail:
z.B. name@domain.de

Fax:
z.B. +49 (123) 456789

Anschrift:
Straße, Hausnr., PLZ, Ort, Land

Annahmezeitpunkt:
hh:mm / TT.MM.JJJJ

Annahme durch:
Abteilung / Vorname, Nachname

Kommunikationsweg:
Angaben zum Mitteilungsweg

Hinweise:
Ergänzende Informationen

Meldung an Presse, TV, Radio, Blogger, Influencer & Social Media

Ansprechpartner:	Vorname, Nachname
Funktion / Kontext:	Abteilung, Dezernat
Telefon:	z.B. +49 (123) 456789
Mobil:	z.B. +49 (123) 456789
Mail:	z.B. name@domain.de
Fax:	z.B. +49 (123) 456789
Anschrift:	Straße, Hausnr., PLZ, Ort, Land

Annahmezeitpunkt:	hh:mm / TT.MM.JJJJ
Annahme durch:	Abteilung / Vorname, Nachname
Kommunikationsweg:	Angaben zum Mitteilungsweg
Hinweise:	Ergänzende Informationen

Ansprechpartner:	Vorname, Nachname
Funktion / Kontext:	Abteilung, Dezernat
Telefon:	z.B. +49 (123) 456789
Mobil:	z.B. +49 (123) 456789
Mail:	z.B. name@domain.de
Fax:	z.B. +49 (123) 456789
Anschrift:	Straße, Hausnr., PLZ, Ort, Land

Annahmezeitpunkt:
hh:mm / TT.MM.JJJJ

Annahme durch:
Abteilung / Vorname, Nachname

Kommunikationsweg:
Angaben zum Mitteilungsweg

Hinweise:
Ergänzende Informationen

Ansprechpartner:
Vorname, Nachname

Funktion / Kontext:
Abteilung, Dezernat

Telefon:
z.B. +49 (123) 456789

Mobil:
z.B. +49 (123) 456789

Mail:
z.B. name@domain.de

Fax:
z.B. +49 (123) 456789

Anschrift:
Straße, Hausnr., PLZ, Ort, Land

Annahmezeitpunkt:
hh:mm / TT.MM.JJJJ

Annahme durch:
Abteilung / Vorname, Nachname

Kommunikationsweg:
Angaben zum Mitteilungsweg

Hinweise:
Ergänzende Informationen

Gesundheitsschutz

Auch im Notfall sollte Ihre Aufmerksamkeit ganz und gar Ihrer persönlichen Gesundheitserhaltung gewidmet sein. Nur wenn Sie gesund, fit und einsatzfähig sind, können Sie Ihre Aufgaben zur Schadensminimierung erfüllen. Fördern, erhalten und sichern Sie deshalb Ihre Gesundheit und Resilienz durch Prävention und durch die sofortige Behandlung von Krankheiten und Verletzungen. Ihre Gesundheit und deren Aufrechthaltung sind für Sie und Ihre Liebsten, sowie für Ihr Umfeld sehr wichtig!

Sie sollen Ihren Mitmenschen helfen und nicht zur Belastung werden. Minimieren Sie Ihr persönliches Ansteckungsrisiko und das Ihrer Mitarbeiter. Waschen Sie regelmäßig und gründlich Ihre Hände mit Seife und reinigen Sie Ihren Arbeitsplatz, bzw. die Betriebsmittel (Oberflächen, Handy, Schuhe…). Stimmen Sie Ihren persönlichen Vorrat an Medikamenten und Vitaminen unbedingt mit Ihrer Hausärztin oder Ihrem Hausarzt, sowie mit Ihrer Apothekerin oder Ihrem Apotheker ab.

Beachten Sie bei Reisen die aktuellen Vorkehrungen an Ihrem Bestimmungsort.

In China herrschte in den Jahren 2020, 2021 und 2022 eine strikte Null-Covid-Strategie mit Quarantäne von bis zu sechs Monaten. Seit der unerwarteten und abrupten Aufhebung dieser Strategie zu Weihnachten 2022 infolge massiver Massenunruhen, starben dann täglich zwischen 9.000 (offizielle Angaben) und 20.000 (inoffizielle Angaben) Menschen; Ihre Reiseführung, Ansprechpartner, Kunden, Lieferanten und vielleicht auch Freunde.

Gesundheitsschutzkoordinator

Name:	Vorname, Nachname
Funktion / Kontext:	z.B. Abteilung
Telefon:	z.B. +49 (123) 456789
Mobil:	z.B. +49 (123) 456789
Mail:	z.B. name@domain.de
Fax:	z.B. +49 (123) 456789
Anschrift:	Straße, Hausnr., PLZ, Ort, Land

Assistenz

Name:	Vorname, Nachname
Funktion / Kontext:	z.B. Abteilung
Telefon:	z.B. +49 (123) 456789
Mobil:	z.B. +49 (123) 456789
Mail:	z.B. name@domain.de
Fax:	z.B. +49 (123) 456789
Anschrift:	Straße, Hausnr., PLZ, Ort, Land

Letzte Aktualisierung der Hygieneregeln

Prüfung durch:
Vorname, Nachname

Prüfungszeitpunkt:
hh:mm / TT.MM.JJJJ

Ergebnis der Prüfung:
Resultat der Überprüfung

Auffrischungen /
Ergänzungen /
Änderungen:
Anpassungen etc.

Besonderheiten:
z.B. name@domain.de

Letzte Überprüfung des Erste-Hilfe-Koffers

Prüfung durch:
Vorname, Nachname

Prüfungszeitpunkt:
hh:mm / TT.MM.JJJJ

Ergebnis der Prüfung:
Resultat der Überprüfung

Auffrischungen /
Ergänzungen /
Änderungen:
Anpassungen etc.

Besonderheiten:
z.B. name@domain.de

Lagerort des Erste-Hilfe-Koffers

Lagerort:	
	z.B. Eingangshalle
Hinweise:	
	z.B. Warnhinweise, weitere Standorte

Letzte Überprüfung der Medikamente/Vitamine

Prüfung durch:	
	Vorname, Nachname
Prüfungszeitpunkt:	
	hh:mm / TT.MM.JJJJ
Ergebnis der Prüfung:	
	Resultat der Überprüfung
Auffrischungen / Ergänzungen / Änderungen:	
	Anpassungen etc.
Besonderheiten:	
	z.B. name@domain.de

Lagerort der medizinischen Vorräte

Lagerort:	
	z.B. Eingangshalle
Hinweise:	
	z.B. Warnhinweise, weitere Standorte

Koordinaten des Gesundheitsamtes

Standort / Amt:	Ort / Zuständigkeit
Ansprechpartner:	Vorname, Nachname
Telefon:	z.B. +49 (123) 456789
Mobil:	z.B. +49 (123) 456789
Mail:	z.B. name@domain.de
Fax:	z.B. +49 (123) 456789
Anschrift:	Straße, Hausnr., PLZ, Ort, Land

Koordinaten der Sanitätseinrichtungen

Einrichtung / Art:	Bezeichnung
Ansprechpartner:	Vorname, Nachname
Telefon:	z.B. +49 (123) 456789
Mobil:	z.B. +49 (123) 456789
Mail:	z.B. name@domain.de
Fax:	z.B. +49 (123) 456789
Anschrift:	Straße, Hausnr., PLZ, Ort, Land

Einrichtung / Art:	
	Bezeichnung
Ansprechpartner:	
	Vorname, Nachname
Telefon:	
	z.B. +49 (123) 456789
Mobil:	
	z.B. +49 (123) 456789
Mail:	
	z.B. name@domain.de
Fax:	
	z.B. +49 (123) 456789
Anschrift:	
	Straße, Hausnr., PLZ, Ort, Land

Koordinaten der Mediziner/Ärzte

Praxis / Fachrichtung:	
	z.B. Hausarzt, Kardiologie, Zahnarzt
Behandler:	
	Vorname, Nachname
Telefon:	
	z.B. +49 (123) 456789
Mobil:	
	z.B. +49 (123) 456789
Mail:	
	z.B. name@domain.de
Fax:	
	z.B. +49 (123) 456789
Anschrift:	
	Straße, Hausnr., PLZ, Ort, Land

Praxis / Fachrichtung:
z.B. Hausarzt, Kardiologie, Zahnarzt

Behandler:
Vorname, Nachname

Telefon:
z.B. +49 (123) 456789

Mobil:
z.B. +49 (123) 456789

Mail:
z.B. name@domain.de

Fax:
z.B. +49 (123) 456789

Anschrift:
Straße, Hausnr., PLZ, Ort, Land

Praxis / Fachrichtung:
z.B. Hausarzt, Kardiologie, Zahnarzt

Behandler:
Vorname, Nachname

Telefon:
z.B. +49 (123) 456789

Mobil:
z.B. +49 (123) 456789

Mail:
z.B. name@domain.de

Fax:
z.B. +49 (123) 456789

Anschrift:
Straße, Hausnr., PLZ, Ort, Land

Vorratsliste Gesundheitsschutz

Erste Vorschläge, die Sie bitte auf Ihre Bedürfnisse und auf Ihr Unternehmen individualisieren möchten. Kontaktieren Sie hierzu unbedingt Ihre Ärztin oder Ihren Arzt, Betriebsärzt/in oder Ihre Apotheke. Achten Sie bitte auch auf Ihre ganz eigenen Allergien, Besonderheiten und Unverträglichkeiten, wie z.B. Schwangerschaft, Laktoseintoleranz oder Diabetes mellitus.

Bei Auslandsreisen sollten Sie sich zuvor nach den dortigen Speisen und Getränken, sowie nach Inhaltsstoffen und Zubereitungsmethoden erkundigen. Weitere Informationen zur Ernährungsvorsorge und zu Vorratstabellen finden Sie unter www.bbk.bund.de.

Ascorbinsäure, Augenkompresse, Augenklappen, Atemschutzmasken (FFP 1-3)

Blutdruckmessgerät, Blutverdünner

Cola

Desinfektionsmittel, Desinfektionsmittelspender, Dreieckstücher

Erste-Hilfe-Koffer, Einweghandtücher neu, Entsorgung gebrauchter Einweghandtücher

Frischwasser, Folsäure, Fenchel-Tee, Fiebersenkende Medikamente

Grüner Tee

Handwaschgelegenheit, Heftpflaster, Hygienemasken

Ingwersaft

Jod

Kräutersäfte (Löwenzahn, Brennnessel, Spitzwegerich, Bärlauch), Kaffee, Kräuter-Tee

Lachsöl

Mund-Nase-Schutz, Magnesium, Magen-Tee, Mullkompressen

Nasenspray

Ohrentropfen

Pinzette, Pflaster, persönliche Medikamente

Rettungsdecke, Reinigungsmittel

Schere, Schutzbrille, Schutzschild, Schmerzsenkende Mittel, Splitterpinzette

Trinkwasser, Thermometer

Universaldecke, Untersuchungshandschuhe

Verbandskasten, Verbandspflaster, Vitamintabletten (A, B, D, E, K), Verbandtücher, Vliesstofftücher

Wasserspender, Wundschnellverband, Wundkompressen

IT-Sicherheit / Cyberschutz

Das Kapitel Cyberschutz habe ich entsprechend der zunehmenden Bedeutung nun vorgezogen. Der Cyberschutz umfasst alle Aktivitäten zum Schutz gegen Cyberkriminalität für Ihre IT-Strukturen. Hardware, Software, stationäre und mobile Geräte, aber auch die Nutzer, die Cloud, die Edge, die Server, das Archiv, Passwörter, Zugangs- und Nutzungsberechtigungen und die Speicher müssen geschützt werden. Die Internetkriminalität des unsichtbaren Feindes verursacht Schäden in Millionenhöhe; auch für KMU und für Privatpersonen. Alleine in Deutschland entstanden im Jahre 2019 IT-Schäden im Wert von 50 Milliarden Euro. Im Jahre 2020 lag der Schaden bei über 60 Milliarden Euro p.a. und in 2021 wurden Schäden um 100 Mrd. Euro registriert. Schätzungen für 2022 liegen bei einem Faktor vier!

Privatpersonen, Organisationen, Unternehmen, Ämter und Dezernate, aber auch der Staat selbst; niemand ist sicher vor Hackerangriffen. Daten sind der Rohstoff des 21. Jahrhunderts und werden hoch gehandelt. Schützen Sie Ihre persönlichen und Ihre betrieblichen Daten. Denn das Bedrohungspotenzial ist als sehr hoch zu bewerten und die Wahrscheinlichkeit, dass der nächste Notfall ein IT-Notfall sein wird, ist ausgesprochen hoch.

Aufgrund der Professionalität der Angreifer ist die zielführende Umsetzung präventiver Schutzmaßnahmen für Sie sehr wichtig und für Ihr Unternehmen überlebensnotwendig. Vielleicht informieren Sie sich unter www.bsi.bund.de und orientieren sich am BSI (Bundesamt für Sicherheit in der Informationstechnik) und richten sich für die IT-Bedrohungen ein Stufenmodell ein.

Ihre Backups werden bei einer Cyber-Attacke von großer Bedeutung sein. Prüfen Sie daher den Einsatz von Backups auch im Normalfall, denn heutige Anforderungen gehen oft über das Sichern von Daten und deren Wiederherstellbarkeit hinaus. Da sollte zumindest das Backup sichergestellt sein.

Holen Sie sich Hilfe bei den Computer Emergency Response Teams CERT und bei einem Mobile Incident Response Team MIRT. Beide werden von Bund und Ländern bereitgestellt.

Hauptzuständigkeiten

IT-Verantwortliche Person

Name:	Vorname, Nachname
Funktion / Kontext:	z.B. Abteilung
Telefon:	z.B. +49 (123) 456789
Mobil:	z.B. +49 (123) 456789
Mail:	z.B. name@domain.de
Fax:	z.B. +49 (123) 456789
Anschrift:	Straße, Hausnr., PLZ, Ort, Land

IT-Verantwortliche Person (Stellvertretung)

Name:	Vorname, Nachname
Funktion / Kontext:	z.B. Abteilung
Telefon:	z.B. +49 (123) 456789
Mobil:	z.B. +49 (123) 456789
Mail:	z.B. name@domain.de
Fax:	z.B. +49 (123) 456789
Anschrift:	Straße, Hausnr., PLZ, Ort, Land

IT-Schutz-Team

Name:		Vorname, Nachname
Funktion / Kontext:		z.B. Abteilung
Telefon:		z.B. +49 (123) 456789
Mobil:		z.B. +49 (123) 456789
Mail:		z.B. name@domain.de
Fax:		z.B. +49 (123) 456789
Anschrift:		Straße, Hausnr., PLZ, Ort, Land

Name:		Vorname, Nachname
Funktion / Kontext:		z.B. Abteilung
Telefon:		z.B. +49 (123) 456789
Mobil:		z.B. +49 (123) 456789
Mail:		z.B. name@domain.de
Fax:		z.B. +49 (123) 456789
Anschrift:		Straße, Hausnr., PLZ, Ort, Land

Name:	Vorname, Nachname
Funktion / Kontext:	z.B. Abteilung
Telefon:	z.B. +49 (123) 456789
Mobil:	z.B. +49 (123) 456789
Mail:	z.B. name@domain.de
Fax:	z.B. +49 (123) 456789
Anschrift:	Straße, Hausnr., PLZ, Ort, Land

Externer IT-Berater

Name:	Vorname, Nachname
Funktion / Kontext:	z.B. Abteilung
Telefon:	z.B. +49 (123) 456789
Mobil:	z.B. +49 (123) 456789
Mail:	z.B. name@domain.de
Fax:	z.B. +49 (123) 456789
Anschrift:	Straße, Hausnr., PLZ, Ort, Land

Externe IT-Dienstleister

Name:	
	Vorname, Nachname
Funktion / Kontext:	
	z.B. Abteilung
Telefon:	
	z.B. +49 (123) 456789
Mobil:	
	z.B. +49 (123) 456789
Mail:	
	z.B. name@domain.de
Fax:	
	z.B. +49 (123) 456789
Anschrift:	
	Straße, Hausnr., PLZ, Ort, Land

Name:	
	Vorname, Nachname
Funktion / Kontext:	
	z.B. Abteilung
Telefon:	
	z.B. +49 (123) 456789
Mobil:	
	z.B. +49 (123) 456789
Mail:	
	z.B. name@domain.de
Fax:	
	z.B. +49 (123) 456789
Anschrift:	
	Straße, Hausnr., PLZ, Ort, Land

Datensicherungs-Beauftragter

Name:	Vorname, Nachname
Funktion / Kontext:	z.B. Abteilung
Telefon:	z.B. +49 (123) 456789
Mobil:	z.B. +49 (123) 456789
Mail:	z.B. name@domain.de
Fax:	z.B. +49 (123) 456789
Anschrift:	Straße, Hausnr., PLZ, Ort, Land

Letzte Datensicherung / Backup

Sicherung / Prüfung durch:	Vorname, Nachname
Aktuellstes Backup:	hh:mm / TT.MM.JJJJ
Voriges Backup::	hh:mm / TT.MM.JJJJ
Hinweise zum Backup::	Ergänzende Informationen
Backup-Medium:	Beschreibung des Sicherungsmediums
Backup-Turnus:	Turnus der Sicherungen
Zugangsdaten / Verschlüsselung:	Angaben für den Zugriff auf die Datensicherungen

Lagerort Backup I

Lagerort Backup II

Weitere Zuständigkeiten

Lizenzverwaltung

Name:	Vorname, Nachname
Funktion / Kontext:	z.B. Abteilung
Telefon:	z.B. +49 (123) 456789
Mobil:	z.B. +49 (123) 456789
Mail:	z.B. name@domain.de
Fax:	z.B. +49 (123) 456789
Anschrift:	Straße, Hausnr., PLZ, Ort, Land

Komponenten-/Systemausfall-Beauftragter

Name:	Vorname, Nachname
Funktion / Kontext:	z.B. Abteilung
Telefon:	z.B. +49 (123) 456789
Mobil:	z.B. +49 (123) 456789
Mail:	z.B. name@domain.de
Fax:	z.B. +49 (123) 456789
Anschrift:	Straße, Hausnr., PLZ, Ort, Land

Cyber-Versicherungsschutz-Beauftragter

Name:	Vorname, Nachname
Funktion / Kontext:	z.B. Abteilung
Telefon:	z.B. +49 (123) 456789
Mobil:	z.B. +49 (123) 456789
Mail:	z.B. name@domain.de
Fax:	z.B. +49 (123) 456789
Anschrift:	Straße, Hausnr., PLZ, Ort, Land

Zugangsdaten-/Passwort-Beauftragter

Name:	Vorname, Nachname
Funktion / Kontext:	z.B. Abteilung
Telefon:	z.B. +49 (123) 456789
Mobil:	z.B. +49 (123) 456789
Mail:	z.B. name@domain.de
Fax:	z.B. +49 (123) 456789
Anschrift:	Straße, Hausnr., PLZ, Ort, Land

VPN-Beauftragter

Name:		Vorname, Nachname
Funktion / Kontext:		z.B. Abteilung
Telefon:		z.B. +49 (123) 456789
Mobil:		z.B. +49 (123) 456789
Mail:		z.B. name@domain.de
Fax:		z.B. +49 (123) 456789
Anschrift:		Straße, Hausnr., PLZ, Ort, Land

Netzwerk-Beauftragter

Name:		Vorname, Nachname
Funktion / Kontext:		z.B. Abteilung
Telefon:		z.B. +49 (123) 456789
Mobil:		z.B. +49 (123) 456789
Mail:		z.B. name@domain.de
Fax:		z.B. +49 (123) 456789
Anschrift:		Straße, Hausnr., PLZ, Ort, Land

Datenschutz- / DSGVO-Beauftragter

Name:	Vorname, Nachname
Funktion / Kontext:	z.B. Abteilung
Telefon:	z.B. +49 (123) 456789
Mobil:	z.B. +49 (123) 456789
Mail:	z.B. name@domain.de
Fax:	z.B. +49 (123) 456789
Anschrift:	Straße, Hausnr., PLZ, Ort, Land

Cloud-Beauftragter

Name:	Vorname, Nachname
Funktion / Kontext:	z.B. Abteilung
Telefon:	z.B. +49 (123) 456789
Mobil:	z.B. +49 (123) 456789
Mail:	z.B. name@domain.de
Fax:	z.B. +49 (123) 456789
Anschrift:	Straße, Hausnr., PLZ, Ort, Land

Edge-Beauftragter

Name:	Vorname, Nachname
Funktion / Kontext:	z.B. Abteilung
Telefon:	z.B. +49 (123) 456789
Mobil:	z.B. +49 (123) 456789
Mail:	z.B. name@domain.de
Fax:	z.B. +49 (123) 456789
Anschrift:	Straße, Hausnr., PLZ, Ort, Land

Hardware-Beauftragter

Name:	Vorname, Nachname
Funktion / Kontext:	z.B. Abteilung
Telefon:	z.B. +49 (123) 456789
Mobil:	z.B. +49 (123) 456789
Mail:	z.B. name@domain.de
Fax:	z.B. +49 (123) 456789
Anschrift:	Straße, Hausnr., PLZ, Ort, Land

Software-Beauftragter

Name:	*Vorname, Nachname*
Funktion / Kontext:	*z.B. Abteilung*
Telefon:	*z.B. +49 (123) 456789*
Mobil:	*z.B. +49 (123) 456789*
Mail:	*z.B. name@domain.de*
Fax:	*z.B. +49 (123) 456789*
Anschrift:	*Straße, Hausnr., PLZ, Ort, Land*

IT-Infrastruktur-Beauftragter

Name:	*Vorname, Nachname*
Funktion / Kontext:	*z.B. Abteilung*
Telefon:	*z.B. +49 (123) 456789*
Mobil:	*z.B. +49 (123) 456789*
Mail:	*z.B. name@domain.de*
Fax:	*z.B. +49 (123) 456789*
Anschrift:	*Straße, Hausnr., PLZ, Ort, Land*

Cyber-Defence-Beauftragter

Name:	
	Vorname, Nachname
Funktion / Kontext:	
	z.B. Abteilung
Telefon:	
	z.B. +49 (123) 456789
Mobil:	
	z.B. +49 (123) 456789
Mail:	
	z.B. name@domain.de
Fax:	
	z.B. +49 (123) 456789
Anschrift:	
	Straße, Hausnr., PLZ, Ort, Land

Ethical-Hacker-Beauftragter

Name:	
	Vorname, Nachname
Funktion / Kontext:	
	z.B. Abteilung
Telefon:	
	z.B. +49 (123) 456789
Mobil:	
	z.B. +49 (123) 456789
Mail:	
	z.B. name@domain.de
Fax:	
	z.B. +49 (123) 456789
Anschrift:	
	Straße, Hausnr., PLZ, Ort, Land

IT-Forensik-Beauftragter

Name:	Vorname, Nachname
Funktion / Kontext:	z.B. Abteilung
Telefon:	z.B. +49 (123) 456789
Mobil:	z.B. +49 (123) 456789
Mail:	z.B. name@domain.de
Fax:	z.B. +49 (123) 456789
Anschrift:	Straße, Hausnr., PLZ, Ort, Land

IoT-Beauftragter (Internet of Things)

Name:	Vorname, Nachname
Funktion / Kontext:	z.B. Abteilung
Telefon:	z.B. +49 (123) 456789
Mobil:	z.B. +49 (123) 456789
Mail:	z.B. name@domain.de
Fax:	z.B. +49 (123) 456789
Anschrift:	Straße, Hausnr., PLZ, Ort, Land

Voice-/Telefonie-Beauftragter

Name:	Vorname, Nachname
Funktion / Kontext:	z.B. Abteilung
Telefon:	z.B. +49 (123) 456789
Mobil:	z.B. +49 (123) 456789
Mail:	z.B. name@domain.de
Fax:	z.B. +49 (123) 456789
Anschrift:	Straße, Hausnr., PLZ, Ort, Land

Ransomware-/Erpressungsfall-Beauftragter

Name:	Vorname, Nachname
Funktion / Kontext:	z.B. Abteilung
Telefon:	z.B. +49 (123) 456789
Mobil:	z.B. +49 (123) 456789
Mail:	z.B. name@domain.de
Fax:	z.B. +49 (123) 456789
Anschrift:	Straße, Hausnr., PLZ, Ort, Land

Onlinebanking-Beauftragter

Name:	Vorname, Nachname
Funktion / Kontext:	z.B. Abteilung
Telefon:	z.B. +49 (123) 456789
Mobil:	z.B. +49 (123) 456789
Mail:	z.B. name@domain.de
Fax:	z.B. +49 (123) 456789
Anschrift:	Straße, Hausnr., PLZ, Ort, Land

Phishing-Beauftragter

Name:	Vorname, Nachname
Funktion / Kontext:	z.B. Abteilung
Telefon:	z.B. +49 (123) 456789
Mobil:	z.B. +49 (123) 456789
Mail:	z.B. name@domain.de
Fax:	z.B. +49 (123) 456789
Anschrift:	Straße, Hausnr., PLZ, Ort, Land

Malware-/Schadsoftware-Beauftragter

Name:	Vorname, Nachname
Funktion / Kontext:	z.B. Abteilung
Telefon:	z.B. +49 (123) 456789
Mobil:	z.B. +49 (123) 456789
Mail:	z.B. name@domain.de
Fax:	z.B. +49 (123) 456789
Anschrift:	Straße, Hausnr., PLZ, Ort, Land

Webseiten-Beauftragter

Name:	Vorname, Nachname
Funktion / Kontext:	z.B. Abteilung
Telefon:	z.B. +49 (123) 456789
Mobil:	z.B. +49 (123) 456789
Mail:	z.B. name@domain.de
Fax:	z.B. +49 (123) 456789
Anschrift:	Straße, Hausnr., PLZ, Ort, Land

Zugangsberechtigungen

IT-Zugangsberechtigung Stufe I

Rechte / Zugangsstufe:	Beschreibung der Berechtigungsstufe
Berechtigte Person:	Vorname, Nachname
Funktion / Kontext:	z.B. Abteilung
Telefon:	z.B. +49 (123) 456789
Mobil:	z.B. +49 (123) 456789
Mail:	z.B. name@domain.de
Fax:	z.B. +49 (123) 456789
Anschrift:	Straße, Hausnr., PLZ, Ort, Land

Rechte / Zugangsstufe:	Beschreibung der Berechtigungsstufe
Berechtigte Person:	Vorname, Nachname
Funktion / Kontext:	z.B. Abteilung
Telefon:	z.B. +49 (123) 456789
Mobil:	z.B. +49 (123) 456789
Mail:	z.B. name@domain.de
Fax:	z.B. +49 (123) 456789
Anschrift:	Straße, Hausnr., PLZ, Ort, Land

IT-Zugangsberechtigung Stufe II

Rechte / Zugangsstufe:	Beschreibung der Berechtigungsstufe
Berechtigte Person:	Vorname, Nachname
Funktion / Kontext:	z.B. Abteilung
Telefon:	z.B. +49 (123) 456789
Mobil:	z.B. +49 (123) 456789
Mail:	z.B. name@domain.de
Fax:	z.B. +49 (123) 456789
Anschrift:	Straße, Hausnr., PLZ, Ort, Land

Rechte / Zugangsstufe:	Beschreibung der Berechtigungsstufe
Berechtigte Person:	Vorname, Nachname
Funktion / Kontext:	z.B. Abteilung
Telefon:	z.B. +49 (123) 456789
Mobil:	z.B. +49 (123) 456789
Mail:	z.B. name@domain.de
Fax:	z.B. +49 (123) 456789
Anschrift:	Straße, Hausnr., PLZ, Ort, Land

IT-Zugangsberechtigung Stufe III

Rechte / Zugangsstufe:	Beschreibung der Berechtigungsstufe
Berechtigte Person:	Vorname, Nachname
Funktion / Kontext:	z.B. Abteilung
Telefon:	z.B. +49 (123) 456789
Mobil:	z.B. +49 (123) 456789
Mail:	z.B. name@domain.de
Fax:	z.B. +49 (123) 456789
Anschrift:	Straße, Hausnr., PLZ, Ort, Land

Rechte / Zugangsstufe:	Beschreibung der Berechtigungsstufe
Berechtigte Person:	Vorname, Nachname
Funktion / Kontext:	z.B. Abteilung
Telefon:	z.B. +49 (123) 456789
Mobil:	z.B. +49 (123) 456789
Mail:	z.B. name@domain.de
Fax:	z.B. +49 (123) 456789
Anschrift:	Straße, Hausnr., PLZ, Ort, Land

IT-Zugangsberechtigung Home-Office / externer Zugriff / VPN

Rechte / Zugangsstufe:	Beschreibung der Berechtigungsstufe
Berechtigte Person:	Vorname, Nachname
Funktion / Kontext:	z.B. Abteilung
Telefon:	z.B. +49 (123) 456789
Mobil:	z.B. +49 (123) 456789
Mail:	z.B. name@domain.de
Fax:	z.B. +49 (123) 456789
Anschrift:	Straße, Hausnr., PLZ, Ort, Land

Rechte / Zugangsstufe:	Beschreibung der Berechtigungsstufe
Berechtigte Person:	Vorname, Nachname
Funktion / Kontext:	z.B. Abteilung
Telefon:	z.B. +49 (123) 456789
Mobil:	z.B. +49 (123) 456789
Mail:	z.B. name@domain.de
Fax:	z.B. +49 (123) 456789
Anschrift:	Straße, Hausnr., PLZ, Ort, Land

Inventar

Verwaltung

Name:	Vorname, Nachname
Funktion / Kontext:	z.B. Abteilung
Telefon:	z.B. +49 (123) 456789
Mobil:	z.B. +49 (123) 456789
Mail:	z.B. name@domain.de
Fax:	z.B. +49 (123) 456789
Anschrift:	Straße, Hausnr., PLZ, Ort, Land

Bestand Hardware

Produkt / Bezeichnung	Inventarnummer	Standort / Arbeitsplatz

Bestand Software

Produkt / Bezeichnung	Inventarnummer	Standort / Arbeitsplatz

Standorte

Verantwortlich für die IT-Standorte

Name:	Vorname, Nachname
Funktion / Kontext:	z.B. Abteilung
Telefon:	z.B. +49 (123) 456789
Mobil:	z.B. +49 (123) 456789
Mail:	z.B. name@domain.de
Fax:	z.B. +49 (123) 456789
Anschrift:	Straße, Hausnr., PLZ, Ort, Land

Serverstandort

Standort:	Gebäude, Anschrift
Besonderheiten:	z.B. Hinweise zum Standort

Ausweichstandort I

Ausweichstandort II

Cloud-Standort / -Anbieter

Finanzen

Ihre Finanzen dürfen während des Notfalls nicht vernachlässigt werden, weil Sie evtl. plötzlich größere Mengen an liquiden Mitteln benötigen, um die Umsetzung der Bekämpfungsmaßnahmen zu starten oder zu beschleunigen. Der Betriebsprozess und jede Person benötigen die Sicherstellung finanzieller Mittel. Der Kapitalbedarf und die Beschaffung, sowie der Einsatz / die Mittelverwendung dessen, tragen zur störungsfreieren Betriebsfortführung bei. Liquiditätspläne, Forderungen und das Verbindlichkeitsmanagement müssen weiter gepflegt werden; und zwar regelmäßig! Schützen Sie die dazugehörenden Unterlagen und Dokumente.

Lagerorte der Unterlagen

Originale

Duplikate I

Duplikate II

Finanzübersichten / -pläne

Übersicht / Plan	Ablageort / Hinweise
Verbindlichkeiten	
Forderungen	
Liquiditätsplan	
Finanzierungsplan	
Übersicht Kreditoren / Debitoren	

Verantwortliche Person

Name:	Vorname, Nachname
Funktion / Kontext:	z.B. Abteilung
Telefon:	z.B. +49 (123) 456789
Mobil:	z.B. +49 (123) 456789
Mail:	z.B. name@domain.de
Fax:	z.B. +49 (123) 456789
Anschrift:	Straße, Hausnr., PLZ, Ort, Land

Stellvertretend verantwortliche Person

Name:	Vorname, Nachname
Funktion / Kontext:	z.B. Abteilung
Telefon:	z.B. +49 (123) 456789
Mobil:	z.B. +49 (123) 456789
Mail:	z.B. name@domain.de
Fax:	z.B. +49 (123) 456789
Anschrift:	Straße, Hausnr., PLZ, Ort, Land

Statusmeldungen

Am Tag des Notfalls

Status:

Eckdaten zum Finanzstatus

In der Woche des Notfalls

Status:

Eckdaten zum Finanzstatus

Im Monat des Notfalls

Status:

Eckdaten zum Finanzstatus

Im Halbjahr des Notfalls

Status:

Eckdaten zum Finanzstatus

Im Jahr des Notfalls

Status:

Eckdaten zum Finanzstatus

Einnahmesicherung

Am Tag des Notfalls

In der Woche des Notfalls

Im Monat des Notfalls

Im Halbjahr des Notfalls

Sicherung:

Umfang / Art der Einnahmesicherung

Im Jahr des Notfalls

Sicherung:

Umfang / Art der Einnahmesicherung

Private Finanzen

Banken

Bank:	Name des Kreditinstituts
Ansprechpartner:	Vorname, Nachname
Kundennummer:	Kunden- / Referenznummer
Telefon:	z.B. +49 (123) 456789
Mobil:	z.B. +49 (123) 456789
Mail:	z.B. name@domain.de
Fax:	z.B. +49 (123) 456789
Anschrift:	Straße, Hausnr., PLZ, Ort, Land

Bank:	Name des Kreditinstituts
Ansprechpartner:	Vorname, Nachname
Kundennummer:	Kunden- / Referenznummer
Telefon:	z.B. +49 (123) 456789
Mobil:	z.B. +49 (123) 456789
Mail:	z.B. name@domain.de
Fax:	z.B. +49 (123) 456789
Anschrift:	Straße, Hausnr., PLZ, Ort, Land

Bank:	Name des Kreditinstituts
Ansprechpartner:	Vorname, Nachname
Kundennummer:	Kunden- / Referenznummer
Telefon:	z.B. +49 (123) 456789
Mobil:	z.B. +49 (123) 456789
Mail:	z.B. name@domain.de
Fax:	z.B. +49 (123) 456789
Anschrift:	Straße, Hausnr., PLZ, Ort, Land

Konten

Beschreibung:	Bezeichnung des Kontos
IBAN / Kontonummer:	IBAN / Kontonummer / Kontocode
BIC / Bank:	BIC / Kreditinstitut

Beschreibung:	
	Bezeichnung des Kontos
IBAN / Kontonummer:	
	IBAN / Kontonummer / Kontocode
BIC / Bank:	
	BIC / Kreditinstitut

Beschreibung:	
	Bezeichnung des Kontos
IBAN / Kontonummer:	
	IBAN / Kontonummer / Kontocode
BIC / Bank:	
	BIC / Kreditinstitut

Bankschließfächer

Bank:	
	Kreditinstitut
Schließfachnummer:	
	Nr.
Schlüssel / Code(s):	
	Zugangsberechtigung
Berechtigte Person(en):	
	Person(en)

Bank:	
	Kreditinstitut
Schließfachnummer:	
	Nr.
Schlüssel / Code(s):	
	Zugangsberechtigung
Berechtigte Person(en):	
	Person(en)

Bank:	
	Kreditinstitut
Schließfachnummer:	
	Nr.
Schlüssel / Code(s):	
	Zugangsberechtigung
Berechtigte Person(en):	
	Person(en)

Bürgschaften

Bürgschaft / Urkunde:
Bezeichnung / Ablageort

Bürgschaftsbetrag:
Betrag / Währung

Gläubiger:
Person / Institution

Laufzeit:
Datum

Bürgschaft / Urkunde:
Bezeichnung / Ablageort

Bürgschaftsbetrag:
Betrag / Währung

Gläubiger:
Person / Institution

Laufzeit:
Datum

Bürgschaft / Urkunde:
Bezeichnung / Ablageort

Bürgschaftsbetrag:
Betrag / Währung

Gläubiger:
Person / Institution

Laufzeit:
Datum

Beteiligungen

Beteiligung an:
Unternehmen / Gesellschaft

Beteiligung (%):
Relation des Anteils

Wert:
Betrag / Währung

Besonderheiten:
Hinweise

Beteiligung an:		Unternehmen / Gesellschaft
Beteiligung (%):		Relation des Anteils
Wert:		Betrag / Währung
Besonderheiten:		Hinweise

Beteiligung an:		Unternehmen / Gesellschaft
Beteiligung (%):		Relation des Anteils
Wert:		Betrag / Währung
Besonderheiten:		Hinweise

Verträge

Vertrag (Bezeichnung / Parteien)	Hinweise
Darlehensvertrag….	
Ergebnisabführungsvertrag…	

Wertpapiere

Wertpapier(e)	Lagerort / Depot

Sonstige Anlagen / Verpflichtungen

Bezeichnung	Hinweise / Anmerkung

Safes / Tresore

Standort:
z.B. Keller

Inhalt:
Beschreibung des Inhalts

Code(s) / Zugang:
Code(s), Schlüssel o.ä.

Standort:
z.B. Keller

Inhalt:
Beschreibung des Inhalts

Code(s) / Zugang:
Code(s), Schlüssel o.ä.

Standort:
z.B. Keller

Inhalt:
Beschreibung des Inhalts

Code(s) / Zugang:
Code(s), Schlüssel o.ä.

Geschäftliche Finanzen

Banken

Bank:	Name des Kreditinstituts
Ansprechpartner:	Vorname, Nachname
Kundennummer:	Kunden- / Referenznummer
Telefon:	z.B. +49 (123) 456789
Mobil:	z.B. +49 (123) 456789
Mail:	z.B. name@domain.de
Fax:	z.B. +49 (123) 456789
Anschrift:	Straße, Hausnr., PLZ, Ort, Land

Bank:	Name des Kreditinstituts
Ansprechpartner:	Vorname, Nachname
Kundennummer:	Kunden- / Referenznummer
Telefon:	z.B. +49 (123) 456789
Mobil:	z.B. +49 (123) 456789
Mail:	z.B. name@domain.de
Fax:	z.B. +49 (123) 456789
Anschrift:	Straße, Hausnr., PLZ, Ort, Land

Bank:	Name des Kreditinstituts
Ansprechpartner:	Vorname, Nachname
Kundennummer:	Kunden- / Referenznummer
Telefon:	z.B. +49 (123) 456789
Mobil:	z.B. +49 (123) 456789
Mail:	z.B. name@domain.de
Fax:	z.B. +49 (123) 456789
Anschrift:	Straße, Hausnr., PLZ, Ort, Land

Konten

Beschreibung:	Bezeichnung des Kontos
IBAN / Kontonummer:	IBAN / Kontonummer / Kontocode
BIC / Bank:	BIC / Kreditinstitut

Beschreibung:	Bezeichnung des Kontos
IBAN / Kontonummer:	IBAN / Kontonummer / Kontocode
BIC / Bank:	BIC / Kreditinstitut

Beschreibung:	Bezeichnung des Kontos
IBAN / Kontonummer:	IBAN / Kontonummer / Kontocode
BIC / Bank:	BIC / Kreditinstitut

Bankschließfächer

Bank:	
	Kreditinstitut

Schließfachnummer:	
	Nr.

Schlüssel / Code(s):	
	Zugangsberechtigung

Berechtigte Person(en):	
	Person(en)

Bank:	
	Kreditinstitut

Schließfachnummer:	
	Nr.

Schlüssel / Code(s):	
	Zugangsberechtigung

Berechtigte Person(en):	
	Person(en)

Bank:	
	Kreditinstitut

Schließfachnummer:	
	Nr.

Schlüssel / Code(s):	
	Zugangsberechtigung

Berechtigte Person(en):	
	Person(en)

Bürgschaften

Bürgschaft / Urkunde:	
	Bezeichnung / Ablageort

Bürgschaftsbetrag:	
	Betrag / Währung

Gläubiger:	
	Person / Institution

Laufzeit:	
	Datum

Bürgschaft / Urkunde:	
	Bezeichnung / Ablageort

Bürgschaftsbetrag:	
	Betrag / Währung

Gläubiger:	
	Person / Institution

Laufzeit:	
	Datum

Bürgschaft / Urkunde:	
	Bezeichnung / Ablageort

Bürgschaftsbetrag:	
	Betrag / Währung

Gläubiger:	
	Person / Institution

Laufzeit:	
	Datum

Beteiligungen

Beteiligung an:	
	Unternehmen / Gesellschaft

Beteiligung (%):	
	Relation des Anteils

Wert:	
	Betrag / Währung

Besonderheiten:	
	Hinweise

Beteiligung an:	
	Unternehmen / Gesellschaft

Beteiligung (%):	
	Relation des Anteils

Wert:	
	Betrag / Währung

Besonderheiten:	
	Hinweise

Beteiligung an:	Unternehmen / Gesellschaft
Beteiligung (%):	Relation des Anteils
Wert:	Betrag / Währung
Besonderheiten:	Hinweise

Verträge

Vertrag (Bezeichnung / Parteien)	Hinweise
Darlehensvertrag….	
Ergebnisabführungsvertrag…	

Wertpapiere

Wertpapier(e)	Lagerort / Depot

Sonstige Anlagen / Verpflichtungen

Bezeichnung	Hinweise / Anmerkung

Safes / Tresore

Standort:	z.B. Keller
Inhalt:	Beschreibung des Inhalts
Code(s) / Zugang:	Code(s), Schlüssel o.ä.

Standort:	z.B. Keller
Inhalt:	Beschreibung des Inhalts
Code(s) / Zugang:	Code(s), Schlüssel o.ä.

Standort:	z.B. Keller
Inhalt:	Beschreibung des Inhalts
Code(s) / Zugang:	Code(s), Schlüssel o.ä.

Kommunale / Institiutionelle Finanzen

Banken

Bank:	Name des Kreditinstituts
Ansprechpartner:	Vorname, Nachname
Kundennummer:	Kunden- / Referenznummer
Telefon:	z.B. +49 (123) 456789
Mobil:	z.B. +49 (123) 456789
Mail:	z.B. name@domain.de
Fax:	z.B. +49 (123) 456789
Anschrift:	Straße, Hausnr., PLZ, Ort, Land

Bank:	Name des Kreditinstituts
Ansprechpartner:	Vorname, Nachname
Kundennummer:	Kunden- / Referenznummer
Telefon:	z.B. +49 (123) 456789
Mobil:	z.B. +49 (123) 456789
Mail:	z.B. name@domain.de
Fax:	z.B. +49 (123) 456789
Anschrift:	Straße, Hausnr., PLZ, Ort, Land

Bank:	Name des Kreditinstituts
Ansprechpartner:	Vorname, Nachname
Kundennummer:	Kunden- / Referenznummer
Telefon:	z.B. +49 (123) 456789
Mobil:	z.B. +49 (123) 456789
Mail:	z.B. name@domain.de
Fax:	z.B. +49 (123) 456789
Anschrift:	Straße, Hausnr., PLZ, Ort, Land

Konten

Beschreibung:	Bezeichnung des Kontos
IBAN / Kontonummer:	IBAN / Kontonummer / Kontocode
BIC / Bank:	BIC / Kreditinstitut

Beschreibung:	Bezeichnung des Kontos
IBAN / Kontonummer:	IBAN / Kontonummer / Kontocode
BIC / Bank:	BIC / Kreditinstitut

Beschreibung:	Bezeichnung des Kontos
IBAN / Kontonummer:	IBAN / Kontonummer / Kontocode
BIC / Bank:	BIC / Kreditinstitut

Bankschließfächer

Bank:	
	Kreditinstitut
Schließfachnummer:	
	Nr.
Schlüssel / Code(s):	
	Zugangsberechtigung
Berechtigte Person(en):	
	Person(en)

Bank:	
	Kreditinstitut
Schließfachnummer:	
	Nr.
Schlüssel / Code(s):	
	Zugangsberechtigung
Berechtigte Person(en):	
	Person(en)

Bank:	
	Kreditinstitut
Schließfachnummer:	
	Nr.
Schlüssel / Code(s):	
	Zugangsberechtigung
Berechtigte Person(en):	
	Person(en)

Bürgschaften

Bürgschaft / Urkunde:	
	Bezeichnung / Ablageort
Bürgschaftsbetrag:	
	Betrag / Währung
Gläubiger:	
	Person / Institution
Laufzeit:	
	Datum

Bürgschaft / Urkunde:	Bezeichnung / Ablageort
Bürgschaftsbetrag:	Betrag / Währung
Gläubiger:	Person / Institution
Laufzeit:	Datum

Bürgschaft / Urkunde:	Bezeichnung / Ablageort
Bürgschaftsbetrag:	Betrag / Währung
Gläubiger:	Person / Institution
Laufzeit:	Datum

Beteiligungen

Beteiligung an:	Unternehmen / Gesellschaft
Beteiligung (%):	Relation des Anteils
Wert:	Betrag / Währung
Besonderheiten:	Hinweise

Beteiligung an:	Unternehmen / Gesellschaft
Beteiligung (%):	Relation des Anteils
Wert:	Betrag / Währung
Besonderheiten:	Hinweise

Beteiligung an:	Unternehmen / Gesellschaft
Beteiligung (%):	Relation des Anteils
Wert:	Betrag / Währung
Besonderheiten:	Hinweise

Verträge

Vertrag (Bezeichnung / Parteien)	Hinweise
Darlehensvertrag....	
Ergebnisabführungsvertrag...	

Wertpapiere

Wertpapier(e)	Lagerort / Depot

Sonstige Anlagen / Verpflichtungen

Bezeichnung	Hinweise / Anmerkung

Safes / Tresore

Standort:	
	z.B. Keller
Inhalt:	
	Beschreibung des Inhalts
Code(s) / Zugang:	
	Code(s), Schlüssel o.ä.

Standort:	
	z.B. Keller
Inhalt:	
	Beschreibung des Inhalts
Code(s) / Zugang:	
	Code(s), Schlüssel o.ä.

Standort:	
	z.B. Keller
Inhalt:	
	Beschreibung des Inhalts
Code(s) / Zugang:	
	Code(s), Schlüssel o.ä.

Weitere Finanzkontakte

Übergeordnete Banken

Bank:	
	Name des Kreditinstituts
Standort:	
	Standort
Beziehung:	
	Zusammenhang

Bank:	
	Name des Kreditinstituts
Standort:	
	Standort
Beziehung:	
	Zusammenhang

Bank:	
	Name des Kreditinstituts
Standort:	
	Standort
Beziehung:	
	Zusammenhang

Rechnungsprüfung / Aufsichtsstellen

Bezeichnung:	
Standort:	
	Standort
Bearbeiter / Prüfer:	
	Vorname, Nachname
Ansprechpartner:	
	Vorname, Nachname

Bezeichnung:	
Standort:	
	Standort
Bearbeiter / Prüfer:	
	Vorname, Nachname
Ansprechpartner:	
	Vorname, Nachname

Querverbünde / verbundene Unternehmen

Unternehmen:	
	Bezeichnung
CEO:	
	Führung
Standort:	
	Standort
Ansprechpartner:	
	Vorname, Nachname

Unternehmen:	
	Bezeichnung
CEO:	
	Führung
Standort:	
	Standort
Ansprechpartner:	
	Vorname, Nachname

Unternehmen:	Bezeichnung
CEO:	Führung
Standort:	Standort
Ansprechpartner:	Vorname, Nachname

Verpflichtungen

Zahlungsverpflichtungen

Nutzen Sie Darlehen für Investitionsgüter, für Betriebsmittel, für Immobilien oder haben Sie sonstige Kredite? Bezahlen Sie Mieten für Hallen, Verkaufsflächen und für den Fuhrpark oder sonstige Dinge? Nutzen sie Leasingverträge für Fuhrpark oder andere Güter? Bezahlen Sie regelmäßig Löhne und Gehälter und unregelmäßig, aber vereinbarte Boni an Ihre Mitarbeiter und Mitarbeiterinnen? Listen Sie hier Ihre Verpflichtungen, Ihre Verbindlichkeiten auf, oder ergänzen sie diese in einem nummerierten Anhang:

Bezeichnung	Hinweise / Anmerkung
Darlehen für Investitionsgüter	
Darlehen für Betriebsmittel	
Darlehen für Immobilien	
Darlehen für Sonstiges	
Mieten für Hallen und Flächen	
Mieten für Fuhrpark	
Leasing für Fuhrpark	

Besondere Zahlungsverpflichtungen

Bezeichnung	Hinweise / Anmerkung
Gesonderte Gesellschafter-Verträge	
Altvereinbarungen	

Güter, Betriebsmittel und Anlagen

Materielle Betriebsmittel

Grundstücke, Gebäude, Maschinen:

Stichpunkte / Auflistung

Fuhrpark, Betriebs- und Geschäftsausstattung:

Stichpunkte / Auflistung

Werkzeuge und Zubehör:

Stichpunkte / Auflistung

Immaterielle Betriebsmittel

Bezeichnung	Ablageort / Hinweise
Konzessionen	
Patente	
Lizenzen	
Schutzrechte	
Rezepte	
Konstruktionspläne	
Firmen-KnowHow	

Fuhrpark

Bezeichnung	Standort / Hinweise
PKWs	
LKWs	
Flugzeuge	
Boote, Schiffe	
Fahrräder	
Motorräder, Mopeds, Roller	

Boote und Schiffe

Modell / Typ:	Bezeichnung
Hersteller:	Fabrikat
Liegeort:	Hafen / Anlegestelle
Besonderheiten:	Hinweise

Modell / Typ:	Bezeichnung
Hersteller:	Fabrikat
Liegeort:	Hafen / Anlegestelle
Besonderheiten:	Hinweise

Maschinen und Anlagen

Bezeichnung	Standort / Hinweise

Niederlassungen / Filialen

Bezeichnung / Standort:	Standort
Art / Größe:	Art der Niederlassung
Internes Rating:	Interne Bewertung / Priorisierung
Zuständige Person:	Vorname, Nachname

Bezeichnung / Standort:	Standort
Art / Größe:	Art der Niederlassung
Internes Rating:	Interne Bewertung / Priorisierung
Zuständige Person:	Vorname, Nachname

Bezeichnung / Standort:	Standort
Art / Größe:	Art der Niederlassung
Internes Rating:	Interne Bewertung / Priorisierung
Zuständige Person:	Vorname, Nachname

Versicherungen

Vieles im Leben ist versicherbar. Jedermann nutzt das Prinzip der Risikoabsicherung durch Einbringung des Risikos in ein Kollektiv mittels Versicherungsvertrag, der die Gewährung von Versicherungsschutz zum Gegenstand hat. Nutzen Sie die einzelnen Versicherungen für Ihre Person und Ihre Liebsten, aber auch für Ihren Betrieb oder Ihr Amt. Pflegen Sie die Dokumente und den Kontakt zum Vertreter der Versicherungsgesellschaft!

Im Notfall möchten Sie sicherlich das Assekuranzunternehmen in die Pflicht nehmen, denn die außergewöhnliche Situation des Notfalls hat Sie in einen Ausnahmezustand versetzt. Nichts ist mehr wie zuvor. Sie wollen wieder Ihr Gleichgewicht und erwarten Unterstützung aus dem Kollektiv, in das Sie ja oft und lange einbezahlt hatten.

Die lange Suche nach Versicherungsdokumenten sollte vermieden werden.

Lagerorte der Unterlagen

Originale

Duplikate I

Lagerort:	z.B. Aktentresor Keller
Besonderheiten:	z.B. Hinweise zum Lagerort

Duplikate II

Lagerort:	z.B. Aktentresor Keller
Besonderheiten:	z.B. Hinweise zum Lagerort

Liste der Versicherungsgesellschaften

Gesellschaft:	Name der Versicherungsgesellschaft
Ansprechpartner:	Vorname, Nachname
Kundennummer:	Kunden- / Referenznummer
Telefon:	z.B. +49 (123) 456789
Mobil:	z.B. +49 (123) 456789
Mail:	z.B. name@domain.de
Fax:	z.B. +49 (123) 456789
Anschrift:	Straße, Hausnr., PLZ, Ort, Land

Gesellschaft:	Name der Versicherungsgesellschaft
Ansprechpartner:	Vorname, Nachname
Kundennummer:	Kunden- / Referenznummer
Telefon:	z.B. +49 (123) 456789
Mobil:	z.B. +49 (123) 456789
Mail:	z.B. name@domain.de
Fax:	z.B. +49 (123) 456789
Anschrift:	Straße, Hausnr., PLZ, Ort, Land

Gesellschaft:	Name der Versicherungsgesellschaft
Ansprechpartner:	Vorname, Nachname
Kundennummer:	Kunden- / Referenznummer
Telefon:	z.B. +49 (123) 456789
Mobil:	z.B. +49 (123) 456789
Mail:	z.B. name@domain.de
Fax:	z.B. +49 (123) 456789
Anschrift:	Straße, Hausnr., PLZ, Ort, Land

Versicherungsverträge

Ordnen Sie Ihre Versicherungen nach Versicherungsgegenstand, Versicherungsgesellschaft, Policennummer, Versicherungssumme, Laufzeit, Kosten und
Hilfswert:

Versicherungen auf Leben des CEO

Gesellschaft & Police:	Versicherungsgesellschaft und Policennummer
Eckdaten:	z.B. Versicherungssumme, Vertragsdatum, Laufzeit

Gesellschaft & Police:	Versicherungsgesellschaft und Policennummer
Eckdaten:	z.B. Versicherungssumme, Vertragsdatum, Laufzeit

Versicherungen auf Leben des CFO

Gesellschaft & Police:

Versicherungsgesellschaft und Policennummer

Eckdaten:

z.B. Versicherungssumme, Vertragsdatum, Laufzeit

Gesellschaft & Police:

Versicherungsgesellschaft und Policennummer

Eckdaten:

z.B. Versicherungssumme, Vertragsdatum, Laufzeit

Versicherungen auf Leben des COO

Gesellschaft & Police:

Versicherungsgesellschaft und Policennummer

Eckdaten:

z.B. Versicherungssumme, Vertragsdatum, Laufzeit

Gesellschaft & Police:

Versicherungsgesellschaft und Policennummer

Eckdaten:

z.B. Versicherungssumme, Vertragsdatum, Laufzeit

Versicherungen auf Leben des CTO

Gesellschaft & Police:
Versicherungsgesellschaft und Policennummer

Eckdaten:
z.B. Versicherungssumme, Vertragsdatum, Laufzeit

Gesellschaft & Police:
Versicherungsgesellschaft und Policennummer

Eckdaten:
z.B. Versicherungssumme, Vertragsdatum, Laufzeit

Versicherungen auf Leben bedeutender / öffentlicher Personen

Person:
Versicherte Person

Gesellschaft & Police:
Versicherungsgesellschaft und Policennummer

Eckdaten:
z.B. Versicherungssumme, Vertragsdatum, Laufzeit

Gesellschaft & Police:
Versicherungsgesellschaft und Policennummer

Eckdaten:
z.B. Versicherungssumme, Vertragsdatum, Laufzeit

Person:

Versicherte Person

Gesellschaft & Police:

Versicherungsgesellschaft und Policennummer

Eckdaten:

z.B. Versicherungssumme, Vertragsdatum, Laufzeit

Gesellschaft & Police:

Versicherungsgesellschaft und Policennummer

Eckdaten:

z.B. Versicherungssumme, Vertragsdatum, Laufzeit

Versicherungen auf Leben der Task-Force (Gruppenversicherung)

Gesellschaft & Police:

Versicherungsgesellschaft und Policennummer

Eckdaten:

z.B. Versicherungssumme, Vertragsdatum, Laufzeit

Gesellschaft & Police:

Versicherungsgesellschaft und Policennummer

Eckdaten:

z.B. Versicherungssumme, Vertragsdatum, Laufzeit

Versicherungen auf das eigene Leben

Gesellschaft & Police:

Versicherungsgesellschaft und Policennummer

Eckdaten:

z.B. Versicherungssumme, Vertragsdatum, Laufzeit

Gesellschaft & Police:

Versicherungsgesellschaft und Policennummer

Eckdaten:

z.B. Versicherungssumme, Vertragsdatum, Laufzeit

Versicherungen auf Leben des Lebenspartners

Gesellschaft & Police:

Versicherungsgesellschaft und Policennummer

Eckdaten:

z.B. Versicherungssumme, Vertragsdatum, Laufzeit

Versicherungen auf Leben des Kindes / der Kinder

Kind:

Versicherte Person

Gesellschaft & Police:

Versicherungsgesellschaft und Policennummer

Eckdaten:

z.B. Versicherungssumme, Vertragsdatum, Laufzeit

Gesellschaft & Police:

Versicherungsgesellschaft und Policennummer

Eckdaten:

z.B. Versicherungssumme, Vertragsdatum, Laufzeit

Kind:

Versicherte Person

Gesellschaft & Police:

Versicherungsgesellschaft und Policennummer

Eckdaten:

z.B. Versicherungssumme, Vertragsdatum, Laufzeit

Gesellschaft & Police:

Versicherungsgesellschaft und Policennummer

Eckdaten:

z.B. Versicherungssumme, Vertragsdatum, Laufzeit

Kind:

Versicherte Person

Gesellschaft & Police:

Versicherungsgesellschaft und Policennummer

Eckdaten:

z.B. Versicherungssumme, Vertragsdatum, Laufzeit

| Gesellschaft & Police: | Versicherungsgesellschaft und Policennummer |
| Eckdaten: | z.B. Versicherungssumme, Vertragsdatum, Laufzeit |

Unfallversicherungen

| Gesellschaft & Police: | Versicherungsgesellschaft und Policennummer |
| Eckdaten: | z.B. Versicherungssumme, Vertragsdatum, Laufzeit |

| Gesellschaft & Police: | Versicherungsgesellschaft und Policennummer |
| Eckdaten: | z.B. Versicherungssumme, Vertragsdatum, Laufzeit |

Betriebs-Haftpflichtversicherungen

| Gesellschaft & Police: | Versicherungsgesellschaft und Policennummer |
| Eckdaten: | z.B. Versicherungssumme, Vertragsdatum, Laufzeit |

<table>
<tr><td>Gesellschaft & Police:</td><td>Versicherungsgesellschaft und Policennummer</td></tr>
<tr><td>Eckdaten:</td><td>z.B. Versicherungssumme, Vertragsdatum, Laufzeit</td></tr>
</table>

Privat-Haftpflichtversicherungen

<table>
<tr><td>Gesellschaft & Police:</td><td>Versicherungsgesellschaft und Policennummer</td></tr>
<tr><td>Eckdaten:</td><td>z.B. Versicherungssumme, Vertragsdatum, Laufzeit</td></tr>
</table>

<table>
<tr><td>Gesellschaft & Police:</td><td>Versicherungsgesellschaft und Policennummer</td></tr>
<tr><td>Eckdaten:</td><td>z.B. Versicherungssumme, Vertragsdatum, Laufzeit</td></tr>
</table>

Familien-Haftpflichtversicherungen

<table>
<tr><td>Gesellschaft & Police:</td><td>Versicherungsgesellschaft und Policennummer</td></tr>
<tr><td>Eckdaten:</td><td>z.B. Versicherungssumme, Vertragsdatum, Laufzeit</td></tr>
</table>

Gesellschaft & Police:
Versicherungsgesellschaft und Policennummer

Eckdaten:
z.B. Versicherungssumme, Vertragsdatum, Laufzeit

IT-Cyber-Versicherungen

Gesellschaft & Police:
Versicherungsgesellschaft und Policennummer

Eckdaten:
z.B. Versicherungssumme, Vertragsdatum, Laufzeit

Gesellschaft & Police:
Versicherungsgesellschaft und Policennummer

Eckdaten:
z.B. Versicherungssumme, Vertragsdatum, Laufzeit

Versicherungen für Betriebsinhalte (Maschinen, Elektronik)

Gesellschaft & Police:
Versicherungsgesellschaft und Policennummer

Eckdaten:
z.B. Versicherungssumme, Vertragsdatum, Laufzeit

Gesellschaft & Police:

Versicherungsgesellschaft und Policennummer

Eckdaten:

z.B. Versicherungssumme, Vertragsdatum, Laufzeit

Versicherungen gegen Betriebsschließung

Gesellschaft & Police:

Versicherungsgesellschaft und Policennummer

Eckdaten:

z.B. Versicherungssumme, Vertragsdatum, Laufzeit

Gesellschaft & Police:

Versicherungsgesellschaft und Policennummer

Eckdaten:

z.B. Versicherungssumme, Vertragsdatum, Laufzeit

Versicherungen für Werksverkehr

Gesellschaft & Police:

Versicherungsgesellschaft und Policennummer

Eckdaten:

z.B. Versicherungssumme, Vertragsdatum, Laufzeit

Gesellschaft & Police:
Versicherungsgesellschaft und Policennummer

Eckdaten:
z.B. Versicherungssumme, Vertragsdatum, Laufzeit

Versicherungen für Warentransport

Gesellschaft & Police:
Versicherungsgesellschaft und Policennummer

Eckdaten:
z.B. Versicherungssumme, Vertragsdatum, Laufzeit

Gesellschaft & Police:
Versicherungsgesellschaft und Policennummer

Eckdaten:
z.B. Versicherungssumme, Vertragsdatum, Laufzeit

Berufsunfähigkeitsversicherungen

Gesellschaft & Police:
Versicherungsgesellschaft und Policennummer

Eckdaten:
z.B. Versicherungssumme, Vertragsdatum, Laufzeit

| Gesellschaft & Police: | Versicherungsgesellschaft und Policennummer |
| Eckdaten: | z.B. Versicherungssumme, Vertragsdatum, Laufzeit |

Krankenversicherungen

| Gesellschaft & Police: | Versicherungsgesellschaft und Policennummer |
| Eckdaten: | z.B. Versicherungssumme, Vertragsdatum, Laufzeit |

| Gesellschaft & Police: | Versicherungsgesellschaft und Policennummer |
| Eckdaten: | z.B. Versicherungssumme, Vertragsdatum, Laufzeit |

Tierversicherungen

| Gesellschaft & Police: | Versicherungsgesellschaft und Policennummer |
| Eckdaten: | z.B. Versicherungssumme, Vertragsdatum, Laufzeit |

Gesellschaft & Police:

Versicherungsgesellschaft und Policennummer

Eckdaten:

z.B. Versicherungssumme, Vertragsdatum, Laufzeit

Hausratversicherungen

Gesellschaft & Police:

Versicherungsgesellschaft und Policennummer

Eckdaten:

z.B. Versicherungssumme, Vertragsdatum, Laufzeit

Gesellschaft & Police:

Versicherungsgesellschaft und Policennummer

Eckdaten:

z.B. Versicherungssumme, Vertragsdatum, Laufzeit

Versicherungen der Immobilien / Gebäude

Immobilie / Gebäude:

Versicherte Immobilie

Gesellschaft & Police:

Versicherungsgesellschaft und Policennummer

Eckdaten:

z.B. Versicherungssumme, Vertragsdatum, Laufzeit

Gesellschaft & Police:

Versicherungsgesellschaft und Policennummer

Eckdaten:

z.B. Versicherungssumme, Vertragsdatum, Laufzeit

Immobilie / Gebäude:

Versicherte Immobilie

Gesellschaft & Police:

Versicherungsgesellschaft und Policennummer

Eckdaten:

z.B. Versicherungssumme, Vertragsdatum, Laufzeit

Gesellschaft & Police:

Versicherungsgesellschaft und Policennummer

Eckdaten:

z.B. Versicherungssumme, Vertragsdatum, Laufzeit

Immobilie / Gebäude:

Versicherte Immobilie

Gesellschaft & Police:

Versicherungsgesellschaft und Policennummer

Eckdaten:

z.B. Versicherungssumme, Vertragsdatum, Laufzeit

| Gesellschaft & Police: | Versicherungsgesellschaft und Policennummer |
| Eckdaten: | z.B. Versicherungssumme, Vertragsdatum, Laufzeit |

Versicherungen des Fuhrparks

Fahrzeug:

| | Betroffenes Fahrzeug |

| Gesellschaft & Police: | Versicherungsgesellschaft und Policennummer |
| Eckdaten: | z.B. Versicherungssumme, Vertragsdatum, Laufzeit |

| Gesellschaft & Police: | Versicherungsgesellschaft und Policennummer |
| Eckdaten: | z.B. Versicherungssumme, Vertragsdatum, Laufzeit |

Fahrzeug:

Betroffenes Fahrzeug

Gesellschaft & Police:

Versicherungsgesellschaft und Policennummer

Eckdaten:

z.B. Versicherungssumme, Vertragsdatum, Laufzeit

Gesellschaft & Police:

Versicherungsgesellschaft und Policennummer

Eckdaten:

z.B. Versicherungssumme, Vertragsdatum, Laufzeit

Fahrzeug:

Betroffenes Fahrzeug

Gesellschaft & Police:

Versicherungsgesellschaft und Policennummer

Eckdaten:

z.B. Versicherungssumme, Vertragsdatum, Laufzeit

Gesellschaft & Police:

Versicherungsgesellschaft und Policennummer

Eckdaten:

z.B. Versicherungssumme, Vertragsdatum, Laufzeit

Sonstige betriebliche Versicherungen

Versicherung / Versichertes Risiko:

Gegenstand der Versicherung

Gesellschaft & Police:

Versicherungsgesellschaft und Policennummer

Eckdaten:

z.B. Versicherungssumme, Vertragsdatum, Laufzeit

Gesellschaft & Police:

Versicherungsgesellschaft und Policennummer

Eckdaten:

z.B. Versicherungssumme, Vertragsdatum, Laufzeit

Versicherung / Versichertes Risiko:

Gegenstand der Versicherung

Gesellschaft & Police:

Versicherungsgesellschaft und Policennummer

Eckdaten:

z.B. Versicherungssumme, Vertragsdatum, Laufzeit

Gesellschaft & Police:

Eckdaten:

Sonstige private Versicherungen

Versicherung / Versichertes Risiko:

Gesellschaft & Police:

Eckdaten:

Gesellschaft & Police:

Eckdaten:

Versicherung / Versichertes Risiko:

Gegenstand der Versicherung

Gesellschaft & Police:

Versicherungsgesellschaft und Policennummer

Eckdaten:

z.B. Versicherungssumme, Vertragsdatum, Laufzeit

Gesellschaft & Police:

Versicherungsgesellschaft und Policennummer

Eckdaten:

z.B. Versicherungssumme, Vertragsdatum, Laufzeit

Brandschutz

Vorbeugender, präventiver Brandschutz bildet alle Maßnahmen ab, die im Vorfeld getroffen werden, um einer Entstehung und Ausbreitung von Feuer, Rauch und Bränden durch bauliche, organisatorische oder anlagentechnische Maßnahmen entgegenzuwirken und die Auswirkungen von Bränden einzuschränken. Abwehrender Brandschutz ist dann die wirksame Brandbekämpfung.

Entsprechende Feuerlösch-, Sprinkler- und Gaslöschanlagen sind gemäß den Produktionsstätten, den Gebäuden oder Tunnelbauwerken einzuplanen und deren Standorte sind zu kommunizieren. Flucht und Rettungswege sind besonders zu berücksichtigen, weshalb der Brandschutzbeauftragte oft auch für die Evakuierung zuständig ist. Er ist in Stabsfunktion der zentrale Ansprechpartner für den Brandschutz.

An brandgefährdeten Objekten, Anlagen und Orten mit erhöhter Menschenansammlung, sollte er zu gegebener Zeit Brandwachen einteilen, die mitunter Ausschau nach potentiellen Bränden halten.

Brandschutzbeauftragter

Name:	Vorname, Nachname
Funktion / Kontext:	z.B. Abteilung
Telefon:	z.B. +49 (123) 456789
Mobil:	z.B. +49 (123) 456789
Mail:	z.B. name@domain.de
Fax:	z.B. +49 (123) 456789
Anschrift:	Straße, Hausnr., PLZ, Ort, Land

Brandschutzhelfer

Name:
Vorname, Nachname

Funktion / Kontext:
z.B. Abteilung

Telefon:
z.B. +49 (123) 456789

Mobil:
z.B. +49 (123) 456789

Mail:
z.B. name@domain.de

Fax:
z.B. +49 (123) 456789

Anschrift:
Straße, Hausnr., PLZ, Ort, Land

Name:
Vorname, Nachname

Funktion / Kontext:
z.B. Abteilung

Telefon:
z.B. +49 (123) 456789

Mobil:
z.B. +49 (123) 456789

Mail:
z.B. name@domain.de

Fax:
z.B. +49 (123) 456789

Anschrift:
Straße, Hausnr., PLZ, Ort, Land

Liste der Feuerlöscheinrichtungen

Standorte der Feuerlöscher

Gebäude / Areal	Standort(e)

Standorte der Hydranten / Wandhydranten

Gebäude / Areal	Standort(e)

Standorte der Trockenleitungen / Einspeisestellen

Gebäude / Areal	Standort(e)

Standorte der Löschwassersammlung

Gebäude / Areal	Standort(e)

Gefahrgut- / Explosivstofflager

Gefahrgutbeauftragter

Name:	*Vorname, Nachname*
Funktion / Kontext:	*z.B. Abteilung*
Telefon:	*z.B. +49 (123) 456789*
Mobil:	*z.B. +49 (123) 456789*
Mail:	*z.B. name@domain.de*
Fax:	*z.B. +49 (123) 456789*
Anschrift:	*Straße, Hausnr., PLZ, Ort, Land*

Gefahrgüter / Explosivstoffe

Gefahrgutart:	*Bezeichnung des Stoffs*
Gefahrgutkennzeichnung:	*(Internationale) Kennzeichen*
Gefahrgutlagerung:	*Anforderungen an die Lagerung*
Besonderheiten:	*z.B. besondere Hinweise, Halbwertszeiten, besondere Gefahren*

Gefahrgutart:

Bezeichnung des Stoffs

Gefahrgutkennzeichnung:

(Internationale) Kennzeichen

Gefahrgutlagerung:

Anforderungen an die Lagerung

Besonderheiten:

z.B. besondere Hinweise, Halbwertszeiten, besondere Gefahren

Gefahrgutart:

Bezeichnung des Stoffs

Gefahrgutkennzeichnung:

(Internationale) Kennzeichen

Gefahrgutlagerung:

Anforderungen an die Lagerung

Besonderheiten:

z.B. besondere Hinweise, Halbwertszeiten, besondere Gefahren

Immobilien

Immobilien sind ein unbewegliches Sachgut, also immobil und bedürfen besonderer Schutzmaßnahmen. Ihre Produktionshallen und Verwaltungsgebäude dienen der Aufnahme der Produktionsmittel. Deren Objektschutz ist für die Produktion, für die Verwaltung, für die darin gelagerten Maschinen und Produkte, ja für den Geschäftsprozess wichtig. Im Falle einer Evakuierung oder eines Krieges, können diese nicht mitgenommen werden; aber alle Informationen, Dokumente, Pläne, Genehmigungen und Unterlagen hierüber, damit eine neuerliche Aufbauorganisation oder eine Reproduktion erleichtert wird.

Lagerorte der Unterlagen

Originale

Duplikate I

Duplikate II

Liste der Immobilien

Zu berücksichtigen sind neben **Gewerbeimmobilien**, **Wohnimmobilien** und **Grundstücken** auf besondere Immobilienarten wie **Wasser-** und **Schürfrechte**, **Seen** oder **Flüsse**.

Übersicht

Immobilie	Hinweise / Anmerkung

Detailangaben (je Immobilie)

Zu jeder relevanten Immobilie sollten detaillierte Informationen zum jeweiligen Standort, zur Ausstattung und zu Besonderheiten erfasst werden. Die nachfolgende Aufstellung dient als Vorschlag für eine entsprechende Erfassung und ist an die individuellen Gegebenheiten anzupassen.

Standort

Anschrift:	Straße, Hausnr., PLZ, Ort, Land
Geo-Koordinaten:	Längen-/Breitengrad, GPS-Punkt
Flurstück / Grundbuchnr.:	Behördliche Identifikation des Objekts
Weg- / Nutzungsrechte:	Rechte Dritter
Besonderheiten:	Weitere Hinweise

Anfahrtsbeschreibung / Lage:

(Lageplan beifügen)

Hausverwaltung

Name:	Vorname, Nachname
Funktion / Kontext:	z.B. Abteilung
Telefon:	z.B. +49 (123) 456789
Mobil:	z.B. +49 (123) 456789
Mail:	z.B. name@domain.de
Fax:	z.B. +49 (123) 456789
Anschrift:	Straße, Hausnr., PLZ, Ort, Land

Ansprechpartner vor Ort / Hausmeister

Name:	Vorname, Nachname
Funktion / Kontext:	z.B. Abteilung
Telefon:	z.B. +49 (123) 456789
Mobil:	z.B. +49 (123) 456789
Mail:	z.B. name@domain.de
Fax:	z.B. +49 (123) 456789
Anschrift:	Straße, Hausnr., PLZ, Ort, Land

Wirtschaftliche Daten

Immobilienfinanzierungen / Hypotheken:

Auflistung

Wirtschaftlichkeit / Kalkulation / Einnahmen & Ausgaben:

Auflistung

Schlüsselgewalt / -dienst

Name:	Vorname, Nachname
Funktion / Kontext:	z.B. Abteilung
Telefon:	z.B. +49 (123) 456789
Mobil:	z.B. +49 (123) 456789
Mail:	z.B. name@domain.de
Fax:	z.B. +49 (123) 456789
Anschrift:	Straße, Hausnr., PLZ, Ort, Land

Schlüsselverzeichnis

Bezeichnung	Verwahrort / Hinweise
Gebäudeschlüssel	
Schlüssel Nebengebäude	
Schlüssel Zufahrt(en)	
Schlüssel Funktionsräume	
Ersatzschlüssel	

Sicherheitsaspekte der Immobilie

Informationen:

Hinweise / Beschreibung

Sicherheitsaspekte der Infrastruktur (Umgebung, Zu- und Abfahrten)

Informationen:

Hinweise / Beschreibung

Besonderheiten bei der Zufahrt (Gewichtsklassen, Größenbeschränkungen)

Informationen:

Hinweise / Beschreibung

Nächste Polizeistation

Standort:	Bezeichnung / Standort
Anschrift:	Straße, Hausnr., PLZ, Ort, Land
Telefon:	z.B. +49 (123) 456789
Mobil:	z.B. +49 (123) 456789
Mail:	z.B. name@domain.de
Fax:	z.B. +49 (123) 456789

Nächste Feuerwehrstation

Standort:	Bezeichnung / Standort
Anschrift:	Straße, Hausnr., PLZ, Ort, Land
Telefon:	z.B. +49 (123) 456789
Mobil:	z.B. +49 (123) 456789
Mail:	z.B. name@domain.de
Fax:	z.B. +49 (123) 456789

Nächste Sanitätseinrichtung

Standort:	Bezeichnung / Standort
Anschrift:	Straße, Hausnr., PLZ, Ort, Land
Telefon:	z.B. +49 (123) 456789
Mobil:	z.B. +49 (123) 456789
Mail:	z.B. name@domain.de
Fax:	z.B. +49 (123) 456789

Nächster Räum- / Winterdienst

Firma / Partner:	Betriebsbezeichnung
Anschrift:	Straße, Hausnr., PLZ, Ort, Land
Telefon:	z.B. +49 (123) 456789
Mobil:	z.B. +49 (123) 456789
Mail:	z.B. name@domain.de
Fax:	z.B. +49 (123) 456789

Nächster Pannen-/Bergungsdienst

Firma / Partner:	
	Betriebsbezeichnung
Anschrift:	
	Straße, Hausnr., PLZ, Ort, Land
Telefon:	
	z.B. +49 (123) 456789
Mobil:	
	z.B. +49 (123) 456789
Mail:	
	z.B. name@domain.de
Fax:	
	z.B. +49 (123) 456789

Zuständige Stadtwerke

Standort:	
	Bezeichnung / Standort
Anschrift:	
	Straße, Hausnr., PLZ, Ort, Land
Telefon:	
	z.B. +49 (123) 456789
Mobil:	
	z.B. +49 (123) 456789
Mail:	
	z.B. name@domain.de
Fax:	
	z.B. +49 (123) 456789

Energie- / Stromversorger

Firma / Partner:	
	Betriebsbezeichnung
Anschrift:	
	Straße, Hausnr., PLZ, Ort, Land
Telefon:	
	z.B. +49 (123) 456789
Mobil:	
	z.B. +49 (123) 456789
Mail:	
	z.B. name@domain.de
Fax:	
	z.B. +49 (123) 456789

Kommunikationsunternehmen

Firma / Partner:	Betriebsbezeichnung
Anschrift:	Straße, Hausnr., PLZ, Ort, Land
Telefon:	z.B. +49 (123) 456789
Mobil:	z.B. +49 (123) 456789
Mail:	z.B. name@domain.de
Fax:	z.B. +49 (123) 456789

Gefahrgut- / Explosivstofflager

Gefahrgutbeauftragter

Name:	Vorname, Nachname
Funktion / Kontext:	z.B. Abteilung
Telefon:	z.B. +49 (123) 456789
Mobil:	z.B. +49 (123) 456789
Mail:	z.B. name@domain.de
Fax:	z.B. +49 (123) 456789
Anschrift:	Straße, Hausnr., PLZ, Ort, Land

Standorte / Gefahrgüter

Standort:

Art der Gefahrgüter:

Gelagerte Gefahrgüter:

Gefahrgutkennzeichnung:

Besonderheiten:

Standort:

Art der Gefahrgüter:

Gelagerte Gefahrgüter:

Gefahrgutkennzeichnung:

Besonderheiten:

Standort:

Art der Gefahrgüter:

Gelagerte Gefahrgüter:

Gefahrgutkennzeichnung:

Besonderheiten:

Dienstleister / Handwerker

Wichtige Dienstleister für Instandhaltungen und Reparaturen rund um Immobilien wie z.B. Dachdecker, Glaser, Blechner, Tiefbauer, Trockenbauer, Sanitärbetriebe, Schlosser, Schlüsseldienst, Kammerjäger uvm..

Gewerk / Branche:	z.B. Dachdeckerei, Sanitärbetrieb
Firma:	Betrieb
Ansprechpartner:	Vorname, Nachname
Telefon:	z.B. +49 (123) 456789
Mobil:	z.B. +49 (123) 456789
Mail:	z.B. name@domain.de
Fax:	z.B. +49 (123) 456789
Anschrift:	Straße, Hausnr., PLZ, Ort, Land

Gewerk / Branche:	z.B. Dachdeckerei, Sanitärbetrieb
Firma:	Betrieb
Ansprechpartner:	Vorname, Nachname
Telefon:	z.B. +49 (123) 456789
Mobil:	z.B. +49 (123) 456789
Mail:	z.B. name@domain.de
Fax:	z.B. +49 (123) 456789
Anschrift:	Straße, Hausnr., PLZ, Ort, Land

Gewerk / Branche:	z.B. Dachdeckerei, Sanitärbetrieb
Firma:	Betrieb
Ansprechpartner:	Vorname, Nachname
Telefon:	z.B. +49 (123) 456789
Mobil:	z.B. +49 (123) 456789
Mail:	z.B. name@domain.de
Fax:	z.B. +49 (123) 456789
Anschrift:	Straße, Hausnr., PLZ, Ort, Land

Gewerk / Branche:	z.B. Dachdeckerei, Sanitärbetrieb
Firma:	Betrieb
Ansprechpartner:	Vorname, Nachname
Telefon:	z.B. +49 (123) 456789
Mobil:	z.B. +49 (123) 456789
Mail:	z.B. name@domain.de
Fax:	z.B. +49 (123) 456789
Anschrift:	Straße, Hausnr., PLZ, Ort, Land

Gewerk / Branche:	z.B. Dachdeckerei, Sanitärbetrieb
Firma:	Betrieb
Ansprechpartner:	Vorname, Nachname
Telefon:	z.B. +49 (123) 456789
Mobil:	z.B. +49 (123) 456789
Mail:	z.B. name@domain.de
Fax:	z.B. +49 (123) 456789
Anschrift:	Straße, Hausnr., PLZ, Ort, Land

Verträge und Urkunden

Ein Vertrag ist die Besiegelung einer einvernehmlichen Willenserklärung zwischen mindestens zwei Vertragspartnern. Verträge können zwischen Personen, Personen und Behörden oder Behörden untereinander stattfinden. Verträge zwischen Personen, zu denen auch Verträge zwischen Privatpersonen und Unternehmensvertretern gehören, werden als privatrechtliche Verträge bezeichnet. Verträge mit Behörden sind öffentlich-rechtliche Verträge. Ihre Verträge, Auszeichnungen und Urkunden sind in der Notfall-Abwicklung vielleicht nicht wichtig, aber in der Postvention und dem ganzen Leben danach.

Lagerorte der Unterlagen

Originale

Duplikate I

Duplikate II

Lagerort:	
	z.B. Aktentresor Keller
Besonderheiten:	
	z.B. Hinweise zum Lagerort

Wichtige Unterlagen und Dokumente

Von Ihren persönlichsten Dokumenten sollten Sie heuer schon eine Kopie gesichert und geschützt hinterlegt haben, damit Ihnen die spätere Ersatzbeschaffung leichter fallen wird, denn Sie können dann zumindest beweisen, dass Sie ein solches Papier schon mal hatten.

Dokument	Hinweise / Lagerort(e)
Reisepass	
Personalausweis	
Testament	
Ehevertrag	
Abstammungsnachweis	
Familienstammbuch	
Geburtsurkunde	
Geburtsurkunde Partner	
Geburtsurkunden Kinder	
Taufscheine	
Konfirmations-/Kommunionsscheine	

Dokument	Hinweise / Lagerort(e)
Heiratsurkunde	
Scheidungsurkunde	
Sterbeschein	
Patientenverfügung(en)	
Führerschein(e)	
Generalvollmacht(en)	
Vollmacht(en) von anderen	
Vollmacht(en) für andere	
Kaufverträge	
Gesellschaftsverträge	
Vertretungsvollmachten	
Handelsregisterauszüge	
Grundbuchauszüge	

Schutzrechte und Patente

Nutzen Sie diese Vorlage und verwalten Sie Ihre (gewerblichen) Schutzrechte und Patente separat. Notieren Sie aber bitte hier, wo sich diese Unterlagen befinden...

Patente

Publikationstitel:

Titel

Veröffentlichung / Nr.:

Datum / Veröffentlichungsnummer

Publikationstitel:

Titel

Veröffentlichung / Nr.:

Datum / Veröffentlichungsnummer

Gebrauchsmuster

Publikationstitel:

Titel

Veröffentlichung / Nr.:

Datum / Veröffentlichungsnummer

Publikationstitel:

Titel

Veröffentlichung / Nr.:

Datum / Veröffentlichungsnummer

Designschutz

Publikationstitel:

Titel

Veröffentlichung / Nr.:

Datum / Veröffentlichungsnummer

Publikationstitel:

Titel

Veröffentlichung / Nr.:

Datum / Veröffentlichungsnummer

Markenschutz

Publikationstitel:

Titel

Veröffentlichung / Nr.:

Datum / Veröffentlichungsnummer

Publikationstitel:

Titel

Veröffentlichung / Nr.:

Datum / Veröffentlichungsnummer

Urheberschutz

Publikationstitel:

Titel

Veröffentlichung / Nr.:

Datum / Veröffentlichungsnummer

Publikationstitel:

Titel

Veröffentlichung / Nr.:

Datum / Veröffentlichungsnummer

Sonstige wichtige Unterlagen

Dokument	Hinweise / Lagerort(e)
Arbeitsverträge	
Miet-/Pachtverträge	
Konzessionen	
Genehmigungen	
Warenkreditverträge	
Factoringverträge	
Leasing- und Mietverträge	
Sponsoringverträge	
Konformitätsbescheinigungen	
Unternehmensabhängige Dokumente	

Sonstige Verträge und Verpflichtungen

Mitgliedschaften

Mitgliedschaft	Hinweise / Laufzeiten

Abonnements

Abonnement	Hinweise / Laufzeiten

Organisationen / Stiftungen / Vereine

Organisation	Hinweise / Amt

Mobilitätsdaten

Die räumliche Mobilität oder territoriale Mobilität beschreibt die Beweglichkeit von Personen und Gütern im geographischen Raum. Räumliche Mobilität ist somit Mobilität im engeren Sinne. Zur Mobilität gehören die Möglichkeit und Bereitschaft zur Bewegung. Im Notfall müssen Sie vielleicht Ihre Immobilien zurücklassen. Zur Mobilität gehört auch die Verkehrsbewegung mittels Motorisierung. Mit der motorisierten Mobilie können Sie notfalls flüchten, kommunizieren und anderen Menschen helfen.

Lagerorte der Unterlagen

Originale

Duplikate I

Duplikate II

Lagerort:

z.B. Aktentresor Keller

Besonderheiten:

z.B. Hinweise zum Lagerort

Voice / Telefonie

Medium / Vertrag / Rufnummer	Informationen / Unterlagen
Mobiltelefon	
Festnetz	
Pager	
Funkgeräte / -lizenzen	

Geschäftliche Fahrzeuge (KFZ-Briefe und weitere Unterlagen)

Fahrzeug / Kennzeichen	Informationen / Unterlagen

Private Fahrzeuge (KFZ-Briefe und weitere Unterlagen)

Fahrzeug / Kennzeichen	Informationen / Unterlagen

Weitere Transportmittel

Boot

Fahrzeug / Kennzeichen	Informationen / Unterlagen

Schiff

Fahrzeug / Kennzeichen	Informationen / Unterlagen

Flugzeug

Fahrzeug / Kennzeichen	Informationen / Unterlagen

Hubschrauber

Fahrzeug / Kennzeichen	Informationen / Unterlagen

Wohnmobil / Wohnwagen

Fahrzeug / Kennzeichen	Informationen / Unterlagen

Motorrad / Motorroller / E-Bike

Fahrzeug / Kennzeichen	Informationen / Unterlagen

Sonstige Unterlagen

Fahrzeug / Objekt	Informationen / Unterlagen

Betriebliche Daten

Alle Unternehmen, Privathaushalte und Landes- und Bundesbehörden verfügen über Daten. Diese Daten gelangen entweder zufällig im Rahmen des Wirtschaftens oder gezielt durch Recherchen zu diesen Wirtschaftssubjekten. Der Datenbegriff ist hierbei sehr weit auszulegen und umfasst alle Informationen, Zahlen, Werte oder formulierte Befunde, die durch Messung oder Beobachtung gewonnen wurden. Auch hier gilt, dass Sie nach dem Notfall alle Daten zu Ihrem Betrieb griffbereit haben müssen, um schnell zum Normalfall zurück zu kehren und auf dem letzten aktuellen/bekannten Stand aufbauen, ja mit diesem fortfahren zu können.

Wichtige Kunden

Kunde:	Kundenbezeichnung / Kundennummer
Auftragsvolumen p.a.:	Wirtschaftliche Einordnung
Internes Rating:	Interne Bewertung / Priorisierung
Bezug von:	Schwerpunkt-Nachfrage des Kunden

Ansprechpartner:	Vorname, Nachname
Funktion / Kontext:	z.B. Abteilung
Telefon:	z.B. +49 (123) 456789
Mobil:	z.B. +49 (123) 456789
Mail:	z.B. name@domain.de
Fax:	z.B. +49 (123) 456789
Anschrift:	Straße, Hausnr., PLZ, Ort, Land

Kunde:	Kundenbezeichnung / Kundennummer
Auftragsvolumen p.a.:	Wirtschaftliche Einordnung
Internes Rating:	Interne Bewertung / Priorisierung
Bezug von:	Schwerpunkt-Nachfrage des Kunden

Ansprechpartner:	Vorname, Nachname
Funktion / Kontext:	z.B. Abteilung
Telefon:	z.B. +49 (123) 456789
Mobil:	z.B. +49 (123) 456789
Mail:	z.B. name@domain.de
Fax:	z.B. +49 (123) 456789
Anschrift:	Straße, Hausnr., PLZ, Ort, Land

Kunde:	
	Kundenbezeichnung / Kundennummer

Auftragsvolumen p.a.:	
	Wirtschaftliche Einordnung

Internes Rating:	
	Interne Bewertung / Priorisierung

Bezug von:	
	Schwerpunkt-Nachfrage des Kunden

Ansprechpartner:	
	Vorname, Nachname

Funktion / Kontext:	
	z.B. Abteilung

Telefon:	
	z.B. +49 (123) 456789

Mobil:	
	z.B. +49 (123) 456789

Mail:	
	z.B. name@domain.de

Fax:	
	z.B. +49 (123) 456789

Anschrift:	
	Straße, Hausnr., PLZ, Ort, Land

Wichtige Lieferanten

Lieferant:	Lieferantenbezeichnung / Lieferantennummer
Auftragsvolumen p.a.:	Wirtschaftliche Einordnung
Internes Rating:	Interne Bewertung / Priorisierung
Lieferung von:	Schwerpunkt-Produkte des Lieferanten

Ansprechpartner:	Vorname, Nachname
Funktion / Kontext:	z.B. Abteilung
Telefon:	z.B. +49 (123) 456789
Mobil:	z.B. +49 (123) 456789
Mail:	z.B. name@domain.de
Fax:	z.B. +49 (123) 456789
Anschrift:	Straße, Hausnr., PLZ, Ort, Land

Lieferant:	Lieferantenbezeichnung / Lieferantennummer
Auftragsvolumen p.a.:	Wirtschaftliche Einordnung
Internes Rating:	Interne Bewertung / Priorisierung
Lieferung von:	Schwerpunkt-Produkte des Lieferanten

Ansprechpartner:	Vorname, Nachname
Funktion / Kontext:	z.B. Abteilung
Telefon:	z.B. +49 (123) 456789
Mobil:	z.B. +49 (123) 456789
Mail:	z.B. name@domain.de
Fax:	z.B. +49 (123) 456789
Anschrift:	Straße, Hausnr., PLZ, Ort, Land

Lieferant:
Lieferantenbezeichnung / Lieferantennummer

Auftragsvolumen p.a.:
Wirtschaftliche Einordnung

Internes Rating:
Interne Bewertung / Priorisierung

Lieferung von:
Schwerpunkt-Produkte des Lieferanten

Ansprechpartner:
Vorname, Nachname

Funktion / Kontext:
z.B. Abteilung

Telefon:
z.B. +49 (123) 456789

Mobil:
z.B. +49 (123) 456789

Mail:
z.B. name@domain.de

Fax:
z.B. +49 (123) 456789

Anschrift:
Straße, Hausnr., PLZ, Ort, Land

Wichtige Zulieferer / Sub-Lieferanten

Sub-Lieferant:	
	Lieferantenbezeichnung / Lieferantennummer
Auftragsvolumen p.a.:	
	Wirtschaftliche Einordnung
Internes Rating:	
	Interne Bewertung / Priorisierung
Lieferanten-Kontext:	
	Zusammenhang mit Hauptlieferanten o.ä.

Ansprechpartner:	
	Vorname, Nachname
Funktion / Kontext:	
	z.B. Abteilung
Telefon:	
	z.B. +49 (123) 456789
Mobil:	
	z.B. +49 (123) 456789
Mail:	
	z.B. name@domain.de
Fax:	
	z.B. +49 (123) 456789
Anschrift:	
	Straße, Hausnr., PLZ, Ort, Land

Sub-Lieferant:	Lieferantenbezeichnung / Lieferantennummer
Auftragsvolumen p.a.:	Wirtschaftliche Einordnung
Internes Rating:	Interne Bewertung / Priorisierung
Lieferanten-Kontext:	Zusammenhang mit Hauptlieferanten o.ä.

Ansprechpartner:	Vorname, Nachname
Funktion / Kontext:	z.B. Abteilung
Telefon:	z.B. +49 (123) 456789
Mobil:	z.B. +49 (123) 456789
Mail:	z.B. name@domain.de
Fax:	z.B. +49 (123) 456789
Anschrift:	Straße, Hausnr., PLZ, Ort, Land

Sub-Lieferant:	Lieferantenbezeichnung / Lieferantennummer
Auftragsvolumen p.a.:	Wirtschaftliche Einordnung
Internes Rating:	Interne Bewertung / Priorisierung
Lieferanten-Kontext:	Zusammenhang mit Hauptlieferanten o.ä.

Ansprechpartner:	Vorname, Nachname
Funktion / Kontext:	z.B. Abteilung
Telefon:	z.B. +49 (123) 456789
Mobil:	z.B. +49 (123) 456789
Mail:	z.B. name@domain.de
Fax:	z.B. +49 (123) 456789
Anschrift:	Straße, Hausnr., PLZ, Ort, Land

Aufträge und Kalkulationen

Auftrag / Projekt:	Bezeichnung des Auftrages / Auftragsnummer
Kunde:	Betroffener Kunde
Auftragsbeginn:	TT.MM.JJJJ
Abschluss (Plan):	TT.MM.JJJJ
Auftragsvolumen:	Auftragswert
Ertragserwartung:	Kalkulierte Marge
Erfüllungsstand:	Grober Auftragsfortschritt
Produzierte Teile, Teilfortschritt:	

Bezeichnung bereits fertiggestellter / begonnener Auftragsbestandteile (mit Lagerort)

Auftrag / Projekt:	
	Bezeichnung des Auftrages / Auftragsnummer
Kunde:	
	Betroffener Kunde
Auftragsbeginn:	
	TT.MM.JJJJ
Abschluss (Plan):	
	TT.MM.JJJJ
Auftragsvolumen:	
	Auftragswert
Ertragserwartung:	
	Kalkulierte Marge
Erfüllungsstand:	
	Grober Auftragsfortschritt
Produzierte Teile, Teilfortschritt:	
	Bezeichnung bereits fertiggestellter / begonnener Auftragsbestandteile (mit Lagerort)

Auftrag / Projekt:	
	Bezeichnung des Auftrages / Auftragsnummer
Kunde:	
	Betroffener Kunde
Auftragsbeginn:	
	TT.MM.JJJJ
Abschluss (Plan):	
	TT.MM.JJJJ
Auftragsvolumen:	
	Auftragswert
Ertragserwartung:	
	Kalkulierte Marge
Erfüllungsstand:	
	Grober Auftragsfortschritt
Produzierte Teile, Teilfortschritt:	
	Bezeichnung bereits fertiggestellter / begonnener Auftragsbestandteile (mit Lagerort)

Anhängige Rechtsstreitigkeiten

Vorfall / Thema:	
	Bezeichnung des Rechtsstreits
Gegnerische Partei:	
	Gegenseite
Eigener Rechtsbeistand:	
	Zuständiger Rechtsbeistand
Beginn:	
	Beginn des Streitfalls
Streitwert:	
	Höhe des Streitwerts
Aktueller Stand:	
	Angaben zum Stand des Verfahrens (mit Zeitangabe)

Vorfall / Thema:	
	Bezeichnung des Rechtsstreits
Gegnerische Partei:	
	Gegenseite
Eigener Rechtsbeistand:	
	Zuständiger Rechtsbeistand
Beginn:	
	Beginn des Streitfalls
Streitwert:	
	Höhe des Streitwerts
Aktueller Stand:	
	Angaben zum Stand des Verfahrens (mit Zeitangabe)

Vorfall / Thema:	
	Bezeichnung des Rechtsstreits
Gegnerische Partei:	
	Gegenseite
Eigener Rechtsbeistand:	
	Zuständiger Rechtsbeistand
Beginn:	
	Beginn des Streitfalls
Streitwert:	
	Höhe des Streitwerts
Aktueller Stand:	
	Angaben zum Stand des Verfahrens (mit Zeitangabe)

Geliehene Ausrüstung / Werkzeuge / Betriebsmittel

Bezeichnung:	
	Bezeichnung / Nummer des Leihgegenstandes
Einsatzort:	
	Lagerort / Einsatzort
Verleiher:	
	Eigentümer / Verleiher
Leihbeginn:	
	Beginn der Ausleihe
Leihdauer:	
	Dauer der Ausleihe
Kaution:	
	Angaben zu Kaution, Pfand o.ä.

Bezeichnung:	
	Bezeichnung / Nummer des Leihgegenstandes
Einsatzort:	
	Lagerort / Einsatzort
Verleiher:	
	Eigentümer / Verleiher
Leihbeginn:	
	Beginn der Ausleihe
Leihdauer:	
	Dauer der Ausleihe
Kaution:	
	Angaben zu Kaution, Pfand o.ä.

Bezeichnung:	
	Bezeichnung / Nummer des Leihgegenstandes
Einsatzort:	
	Lagerort / Einsatzort
Verleiher:	
	Eigentümer / Verleiher
Leihbeginn:	
	Beginn der Ausleihe
Leihdauer:	
	Dauer der Ausleihe
Kaution:	
	Angaben zu Kaution, Pfand o.ä.

Verliehene Ausrüstung / Werkzeuge / Betriebsmittel

Bezeichnung:	
	Bezeichnung / Nummer des Leihgegenstandes
Ausleiher:	
	Bezeichnung des Entleihers
Ansprechpartner:	
	Vorname, Name und Kontaktdaten
Beginn der Ausleihe:	
	Beginn der Ausleihe
Leihdauer:	
	Dauer der Ausleihe
Letzte Überprüfung:	
	Zeitpunkt und Ergebnis der letzten Überprüfung

Bezeichnung:	
	Bezeichnung / Nummer des Leihgegenstandes
Ausleiher:	
	Bezeichnung des Entleihers
Ansprechpartner:	
	Vorname, Name und Kontaktdaten
Beginn der Ausleihe:	
	Beginn der Ausleihe
Leihdauer:	
	Dauer der Ausleihe
Letzte Überprüfung:	
	Zeitpunkt und Ergebnis der letzten Überprüfung

Bezeichnung:		Bezeichnung / Nummer des Leihgegenstandes
Ausleiher:		Bezeichnung des Entleihers
Ansprechpartner:		Vorname, Name und Kontaktdaten
Beginn der Ausleihe:		Beginn der Ausleihe
Leihdauer:		Dauer der Ausleihe
Letzte Überprüfung:		Zeitpunkt und Ergebnis der letzten Überprüfung

Gewährleistungen

Kunde / Lieferant	Summe	Laufzeit von / bis

Zuständigkeit Betriebs-/Umweltschutz

Name:	Vorname, Nachname
Funktion / Kontext:	z.B. Abteilung
Telefon:	z.B. +49 (123) 456789
Mobil:	z.B. +49 (123) 456789
Mail:	z.B. name@domain.de
Fax:	z.B. +49 (123) 456789
Anschrift:	Straße, Hausnr., PLZ, Ort, Land

Notfall-Sicherungsmaßnahmen

Maßnahme	Hinweise
Zäune prüfen	
Tore, Türen, Fenster schließen	
Dachfenster / -öffnungen sichern	
Lüftungsanlagen einstellen	
Tunnel und Kanäle schließen	
Parkplätze räumen	

Notfall-Sicherungsmaterial

Material	Lagerort / Hinweise
Trassierbänder	
Seile	
Absperrböcke	
Schilder	
Natodraht	
Beleuchtungsmittel	
Spraydosen (Signalfarben)	
Rauchwarnfackeln	
Holzpflöcke	
Vorschlaghammer	
Bauzäune	
Sichtschutz	
Werkzeuge	

Aufhebung vom Notfall-Zustand

Hurra, Sie haben den Notfall erfolgreich bekämpft. Nun müssen Sie zum Normalfall zurückkehren. Ob Sie dies Exitstrategie oder Deeskalation nennen, ist unwichtig. Tun Sie dies aber mit Gelassenheit und klaren Regeln, sowie einer fixen Struktur. Abhängig von der Eskalationsstufe, fahren Sie geordnet dem Normalfall entgegen. Mit der Postvention analysieren Sie dann diese Zeiten und können sich für zukünftige Herausforderungen und Notfälle noch besser vorbereiten.

Heben Sie den Notfall auf!

Ziehen Sie Ihre Notfall-Truppen zurück und gehen Sie vorsichtig wieder zum Normalfall über. Achten Sie bei der Umsetzung auf das Umfeld. Dabei ist die PEST-Analyse hilfreich. Denn politische, ökonomische, soziale und technologische Aspekte müssen bei Ihrer Deeskalation erneut sorgsam berücksichtigt werden; sie bewegen sich manchmal parallel mit.

Ursachen und Auswirkungen des Notfalls müssen unbedingt festgestellt und analysiert werden.

Nur durch eine genaue Untersuchung werden Ursachen identifiziert und erst dann können Sie entsprechende Maßnahmen beschließen und ergreifen. Sie wollen ja verhindern, dass ein Notfall sich wiederholt und aufgrund der gleichen Ursache einen Schaden verursacht. Der vergangene Notfall muss eine Ausnahmesituation gewesen sein!

Notfall-Aufhebung

Zuständigkeit

Aufhebung durch:	Vorname, Nachname
Funktion / Kontext:	Abteilung, Dezernat
Telefon:	z.B. +49 (123) 456789
Mobil:	z.B. +49 (123) 456789
Mail:	z.B. name@domain.de
Fax:	z.B. +49 (123) 456789
Anschrift:	Straße, Hausnr., PLZ, Ort, Land

Zeitpunkt

Datum:	TT.MM.JJJJ	Uhrzeit:	hh:mm (UTC)	Ort:	Ortsangabe

Meldung über die Notfall-Aufhebung

Informieren Sie relevante Einrichtungen, Ämter, Organisationen und Personen über die Aufhebung des Notfalls.

Ansprechpartner:	Vorname, Nachname
Funktion / Kontext:	Abteilung, Dezernat
Telefon:	z.B. +49 (123) 456789
Mobil:	z.B. +49 (123) 456789
Mail:	z.B. name@domain.de
Fax:	z.B. +49 (123) 456789
Anschrift:	Straße, Hausnr., PLZ, Ort, Land

Annahmezeitpunkt:	hh:mm / TT.MM.JJJJ
Annahme durch:	Abteilung / Vorname, Nachname
Kommunikationsweg:	Angaben zum Mitteilungsweg
Hinweise:	Ergänzende Informationen

Ansprechpartner:	Vorname, Nachname
Funktion / Kontext:	Abteilung, Dezernat
Telefon:	z.B. +49 (123) 456789
Mobil:	z.B. +49 (123) 456789
Mail:	z.B. name@domain.de
Fax:	z.B. +49 (123) 456789
Anschrift:	Straße, Hausnr., PLZ, Ort, Land

Annahmezeitpunkt:	
	hh:mm / TT.MM.JJJJ

Annahme durch:	
	Abteilung / Vorname, Nachname

Kommunikationsweg:	
	Angaben zum Mitteilungsweg

Hinweise:	
	Ergänzende Informationen

Ansprechpartner:	
	Vorname, Nachname

Funktion / Kontext:	
	Abteilung, Dezernat

Telefon:	
	z.B. +49 (123) 456789

Mobil:	
	z.B. +49 (123) 456789

Mail:	
	z.B. name@domain.de

Fax:	
	z.B. +49 (123) 456789

Anschrift:	
	Straße, Hausnr., PLZ, Ort, Land

Annahmezeitpunkt:	
	hh:mm / TT.MM.JJJJ

Annahme durch:	
	Abteilung / Vorname, Nachname

Kommunikationsweg:	
	Angaben zum Mitteilungsweg

Hinweise:	
	Ergänzende Informationen

Notfall-Analyse

Prüfen Sie auch Kollateralschäden und denken Sie an die nächsten Herausforderungen. Nach dem Notfall ist vor dem nächsten Notfall. Organisieren Sie nun die Analyse des gerade bekämpften Notfalls. Sicherlich finden Sie Positionen, welche verbesserungswürdig sind, die Sie dann zügig im Notfallmanagement neu definieren und die dann ihren Niederschlag in den Notfallplänen finden werden. Jeder Notfall und jede dann folgende Analyse bringt Sie weiter nach vorn.

Einberufung Notfall-Analyse Team

Ansprechpartner:	Vorname, Nachname
Funktion / Kontext:	Abteilung, Dezernat
Telefon:	z.B. +49 (123) 456789
Mobil:	z.B. +49 (123) 456789
Mail:	z.B. name@domain.de
Fax:	z.B. +49 (123) 456789
Anschrift:	Straße, Hausnr., PLZ, Ort, Land

Umsetzung der Analyse

Eine effiziente Postvention kann die beste Prävention gegen weitere Notfälle, bzw. deren Schadensauswirkungen sein. Ergänzen Sie hier bitte mit Ihren eigenen Umsetzungsplänen. Sie müssen unbedingt viele Erkenntnisse aus dem vergangenen Notfall erhalten und auswerten, sowie weitere erforderliche Maßnahmen beschließen, bzw. aktuelle Beschlüsse überarbeiten und anpassen. Notfallpläne sind dynamisch!

Bevorratung

Eine gewisse Grundbevorratung an lebensnotwendigen Produkten und Hygieneartikel sollte in jedem Haushalt für ca. 30 Tage vorrätig sein. Auch das Bundesamt für Bevölkerungsschutz und Katastrophenhilfe empfiehlt zur Sicherstellung Ihres täglichen Bedarfs von 2.200 Kilokalorien (Kcal) einen Grundvorrat (Food), den Sie dann mit entsprechendem Werkzeug und Zubehör sichern und zu sich nehmen können (Non-Food). Orientieren Sie sich doch an den folgenden Empfehlungen und an den Lebensmittel-Vorratslisten des Bundesamtes unter www.bbk.bund.de, erstellen Sie aber bitte Ihre individuellen Listen auch nach Ihrer persönlichen Verträglichkeit und stimmen Sie sich unbedingt mit Ihrer Hausärztin, Ihrem Hausarzt oder Ihrer Apotheke ab.

Food

Überprüfung der Vorräte

Zuständigkeit

Food Koordination:	Vorname, Nachname
Funktion / Kontext:	z.B. Abteilung
Telefon:	z.B. +49 (123) 456789
Mobil:	z.B. +49 (123) 456789
Mail:	z.B. name@domain.de
Fax:	z.B. +49 (123) 456789
Anschrift:	Straße, Hausnr., PLZ, Ort, Land

Lagerort

Lagerort:	z.B. Eingangshalle
Hinweise:	z.B. Warnhinweise, weitere Standorte

Prüfergebnis

Prüfung durch:	Vorname, Nachname
Aktuelle Prüfung:	hh:mm / TT.MM.JJJJ
Letzte Prüfung:	hh:mm / TT.MM.JJJJ
Ergebnis der Prüfung:	Resultat der Überprüfung
Nächstes MHD:	MM / JJJJ
Auffrischungen / Ergänzungen / Änderungen:	Anpassungen etc.
Besonderheiten:	z.B. name@domain.de

Empfehlungsliste

An dieser Stelle schlage ich Ihnen alphabetisch geordnet, einige Nahrungsmittel vor. Bitte passen Sie diese individuell an und fragen Sie evtl. Ihre Ärztin, Ihren Arzt oder in Ihrer Apotheke. Wichtig ist die Haltbarkeit der Produkte, da Sie vielleicht und abhängig vom Notfall, einige Zeit in feuchten und kalten Räumen verbringen müssen. Die Zubereitung der Speisen und Getränke muss ganz einfach und zügig vorgenommen werden können, da vielleicht Ihre gewohnte Umgebung (Herd, Kühlschrank, Kochfeld etc.) nicht mehr vorhanden ist.

Apfelsaft

Birnensaft, Butter, Bohnen, Bananen, Bockwurst

Cashewnüsse

Dosenwurst (Kalbsleber, Corned Beef), Dosenfisch (Sardinen, Hering), Dosenbrot, Dosenmilch, Dinkel, Dauerwurst (Salami)

Erbsen, Eier

Frisch- oder H-Milch, Fischprodukte (indiv.)

Gewürze, Gemüse, Gurken, Getreideflocken

Honig, H-Milch, Hartkäse, Hartkekse, Haselnusskerne, Haferflocken

Ingwersaft, Instantbrühe

Joghurt

Kaffee, Knäckebrot, Kartoffeln, Konserven (Birnen, Äpfel, Aprikosen, …)

Laktosefreie Milch

Marmeladen, Mehl, Mais, Margarine, Mineralwasser

Nudeln

Orangensaft, Obst, Ölsardellen

Pilze (Konserven)

Quark

Reis, Rotkohl, Rote Bete, Rosinen, Rapsöl

Salz, Suppen, Sauerkraut, Streichfett, Speiseöl, Schokolade, Süßstoff

Trinkwasser (min. 2 Liter pro Tag/Person), Trockenpflaumen, Trockenaprikosen, Teebeutel, Toastbrot

Vollkornbrot, Vegetarische Besonderheiten (Tofu, veganer Aufstrich)

Wurstwaren, Weichkäse, Wallnusskerne

Zucker, Zitrusfrüchte, Zwieback, Zitronensaft, Zwiebeln

Besonderheiten

Trinkwasser ist sehr wichtig. Bitte **min. 1,5 Liter pro Tag und pro Person**, sowie 0,5 Liter für die Zubereitung von Speisen; also 2 Liter pro Tag/Mensch! Zigaretten können evtl. ein ideales Tauschgut sein! Alkohol (hochprozentig) kann auch zur Desinfektion genutzt werden!

Non-Food

Überprüfung der Vorräte

Zuständigkeit

Non-Food Koordination:	Vorname, Nachname
Funktion / Kontext:	z.B. Abteilung
Telefon:	z.B. +49 (123) 456789
Mobil:	z.B. +49 (123) 456789
Mail:	z.B. name@domain.de
Fax:	z.B. +49 (123) 456789
Anschrift:	Straße, Hausnr., PLZ, Ort, Land

Lagerort

Lagerort:	z.B. Eingangshalle
Hinweise:	z.B. Warnhinweise, weitere Standorte

Prüfergebnis

Prüfung durch:	Vorname, Nachname
Aktuelle Prüfung:	hh:mm / TT.MM.JJJJ
Letzte Prüfung:	hh:mm / TT.MM.JJJJ
Ergebnis der Prüfung:	Resultat der Überprüfung
Nächstes MHD:	MM / JJJJ
Auffrischungen / Ergänzungen / Änderungen:	Anpassungen etc.
Besonderheiten:	z.B. name@domain.de

Empfehlungsliste

An dieser Stelle schlage ich Ihnen alphabetisch geordnet, einige Produkte vor. Manche sind Ihnen aus dem täglichen Bedarf und vom Einsatz her bekannt, andere wohl eher aus den Ferien, von der Jagd oder aus der Militärzeit. Bitte passen Sie diese individuell an. Wichtig ist der mögliche und problemlose Einsatz während der Notfall-Bekämpfung für Sie und evtl. für eine Gruppe von Menschen in Not.

Absperrmaterialien, Abfallsäcke, Abdeckhauben, Altölbehälter, Altfettbehälter, Axt, Alufolie, Apfelteiler, Aufschnittmesser

Backbleche, Batterien, Backformen, Bargeldreserve, Batteriebetriebenes Radio, Blankoschilder, Besteck, Besteckkorb, Besteckmulde, Beil, Bratenspachtel, Brotmesser, Bratpfanne, Brotzange, Brotkorb, Brennstoff für Outdoorgrill

Dosenöffner, Dosierflaschen, Decken, Dübel, Draht

Edelstahlreiniger, Essigreiniger, Eimer, Eierschneider, Eisbehälter, Essig & Öl-Spender, Etagere, Esbitbrenner, Esbit

Feuerlöschdecke, Feuerlöscher, Fettlöser, Fotoapparat, Fritteuse, Fritteusen-Fett, Frischhaltefolie, Fleischgabel, Fischpalette, Filetmesser, Fleischtopf, Flaschenöffner, Flaschenverschlüsse, Feldbetten, Forstbeil

Gasgrill, Gasflaschen, Geschirrspülmittel, Geschirr, Gewürzstreuer, Gemüseseiher, Gemüsemesser, Gläser, Gesichtsreinigungstücher (Einweg), Grabgabel, Gießkanne, Gummistiefel

Hammer, Haarnetz, Hand- Badetücher, Holzaschneidbrett, Hitzehandschuh, Hygienebeutel, Handtuchspender, Handtücher (Einweg), Holzpicker, Holzkohle

Kannen, Kaffeemaschine, Kaffeekanne, Kartoffelpresse, Klarspülmittel, Kochschürze, Klebeband, Kühlbehälter, Kehrset, Kochmesser, Küchenschüsseln, Knoblauchpresse, Kesselrührbesen, Küchenbeil, Käsemesser, Kasserolle, Kochjacken, Korkenzieher, Karaffen, Kochlöffel, Käsehobel, Kinderhochstuhl, Kinderbesteck, Kinderschürze, Kinderteller, Kerzen, Klebeband

Latexhandschuhe, Lachsmesser, Latzschürze, Löffel, Löschwasserbehälter

Metalltopfreiniger, Mundschutz, Mülleimer mit Deckel, Müllbeutel, Mixstab, Mehlschaufel, Messerblock

Nägel, Nähset

Outdoorgrill, Ofenhandschuhe

Papierrollen, Papierrollenspender, Passiertücher, Paletten, Pfannenwender, Pfannen

Rollholz, Rührschüsseln, Rührbesen

Saftdispenser, Salatbesteck, Seifenspender, Seife, Serviertabletts, Spezialspülmittel, Spülbürste, Scheuermilch, Scheuerbürste, Schwammtücher Spültücher, Servierten, Scheren, Spritzbeutel mit Tüllen, Schaber, Siebe, Schälmesser, Säge, Schaumlöffel, Schneebesen, Schneidbretter, Schälmesser, Steakmesser, Schwerlast-Mülleimer mit Deckel, Spaghetti-Löffel, Schöpflöffel, Seniorensitz, Schrauben, Schaufel, Spaten, Stiefel, Streichhölzer, Schlafsack, Sicherheitsnadeln

Tassen, Taschenlampen und -messer, Toilettenpapier, Topfreiniger, Teigkarte, Trichter, Töpfe, Teller, Teekocher, Thermobehälter, Transportbehälter, Toaster

Universalzange, Untersetzer

Vakuumiergerät, Vorratsbehälter, Vierkantreibe

Wasserfeste Stifte, Wassereimer, Wok mit Deckel, Wolldecke, Weinkühler, Warmhalteplatte, Waschlappen (Einweg)

Zitronenreibe, Zitruspresse, Zahnstocher, Zelt

Besonderheiten

Bereiten Sie bitte Taschen, Koffer, Rucksäcke und/oder Fahrzeuge als **Transportbehälter** und **Transportmittel** vor. Vielleicht wird Ihre Heimat geräumt, oder Sie werden evakuiert. Was ist Ihnen neben dem Leben und Ihren Lieben weiter am wichtigsten, das Sie unbedingt mitnehmen wollen? Was können Sie wie am besten mitführen, tragen oder transportieren? Eine gewisse Anzahl an faltbaren Kartonagen, Plastik- und Metallbehältern, sowie Müllbeuteln nehmen nicht viel Platz ein und sollten auch deshalb immer vorrätig im Keller oder in der Garage liegen.

Denken Sie hinsichtlich Non-Food auch an folgende Aspekte:

1. wichtige Akten und Dokumente
2. VS/geheime Akten und Dokumente
3. Personentransport/Krankentransport
4. Lebensmittel
5. Müll- und Hygieneartikelentsorgung
6. Spezial- Sonderaufgaben

Persönliches Umfeld / Evakuierung

Sicherlich haben Sie in Ihrem persönlichen Umfeld wichtige Unterlagen und wichtige Personen, die im Notfall benachrichtigt werden müssen. Während des Notfalls rennt Ihnen wahrscheinlich die Zeit davon. Ein schnelles Finden der dann benötigten Unterlagen und Dokumente ist hilfreich und schont Ihre Nerven.

Bestimmt haben Sie und Ihre Kinder ganz individuelle Vorstellungen von teils persönlichsten Dingen, die bei einer Evakuierung unbedingt mit auf die Reise sollten. Ebenso wird es den Senioren im Haushalt, oder Menschen mit Behinderung ergehen. Auch auf sie ist einzugehen und für sie zu sorgen.

Ergänzen Sie die Vorschläge ganz individuell; für sich selbst. Halten Sie einen Koffer oder ein sonstiges geeignetes Transportmittel für diese Artikel griffbereit vor.

Private Dokumente

Lagerorte

Originale

Lagerort:	z.B. Tresor Keller
Besonderheiten:	z.B. ergänzende Hinweise zum Lagerort

Duplikate I

Treffpunkt:	
	z.B. Parkplatz Lagerhalle
Hinweise:	
	z.B. Einschränkungen, Warnhinweise

Duplikate II

Treffpunkt:	
	z.B. Parkplatz Lagerhalle
Hinweise:	
	z.B. Einschränkungen, Warnhinweise

Persönlichste Dokumente

Dokument	Hinweise / Lagerort
Testament	

Wichtige Unterlagen und Dokumente

Schiffe, Flugzeuge, Gebiete, Räume oder Gebäude müssen im Notfall, in der Krise oder im Krieg geleert, also evakuiert werden. Für eine rechtzeitige und zuverlässige Evakuierung benötigen Sie einen Evakuierungsplan. Er ist Teil des Notfall-Konzeptes oder des Katastrophenschutzplans. Evtl. gelangen Sie später nicht mehr an den Evakuierungsort zurück, weshalb Sie Ihre wichtigen Dokumente mitnehmen müssen.

Dokument	Hinweise / Lagerort
Schulabschlusszeugnis	
Gesellenbrief	
Meisterbrief	
Hochschulreife	
Studienabschlusszeugnis	
Promotionsurkunde	
Habilitationsurkunde	
Arbeitsvertrag	
Steuerbescheide	
Urkunden	
Sport-Waffenscheine	

Medizinisches

Persönlichste medizinische Dokumente

Wenn Sie Ihre letzten Befunde und Medikationspläne mitnehmen könnten, wäre das sicherlich hilfreich. Wichtiger sind Ihre persönlichen Medikamente und medizinischen Utensilien.

Dokument	Hinweise / Lagerort
Impfpass	
Befunde / Medikationspläne	
Allergieinformationen	

Persönlichste medizinische Utensilien

Bitte denken sie an Ihre persönliche Ausstattung und Medikamente, die Sie derzeit benötigen, wie z.B. Blutdruckmessgerät und Blutdrucktabletten, Blutzucker-Messgerät nebst Medikation, Ihrer Pillendose und Medikamentenbox…

Gegenstand	Hinweise / Lagerort
Blutzucker-Messgerät	
Spritzen o.ä. medizinisches Besteck	
Prothesen	

Bezugspersonen

Verwandte

Name:	Vorname, Nachname
Telefon:	z. B. +49 (123) 456789
Mobil:	z. B. +49 (123) 456789
Mail:	z. B. name@domain.de
Anschrift:	Straße, Hausnr., PLZ, Ort, Land

Name:	Vorname, Nachname
Telefon:	z. B. +49 (123) 456789
Mobil:	z. B. +49 (123) 456789
Mail:	z. B. name@domain.de
Anschrift:	Straße, Hausnr., PLZ, Ort, Land

Freunde

Name:	Vorname, Nachname
Telefon:	z. B. +49 (123) 456789
Mobil:	z. B. +49 (123) 456789
Mail:	z. B. name@domain.de
Anschrift:	Straße, Hausnr., PLZ, Ort, Land

Name:	Vorname, Nachname
Telefon:	z. B. +49 (123) 456789
Mobil:	z. B. +49 (123) 456789
Mail:	z. B. name@domain.de
Anschrift:	Straße, Hausnr., PLZ, Ort, Land

Nachbarn

Name:	Vorname, Nachname
Telefon:	z. B. +49 (123) 456789
Mobil:	z. B. +49 (123) 456789
Mail:	z. B. name@domain.de
Anschrift:	Straße, Hausnr., PLZ, Ort, Land

Name:	Vorname, Nachname
Telefon:	z. B. +49 (123) 456789
Mobil:	z. B. +49 (123) 456789
Mail:	z. B. name@domain.de
Anschrift:	Straße, Hausnr., PLZ, Ort, Land

Kollegen

Name:	Vorname, Nachname
Telefon:	z. B. +49 (123) 456789
Mobil:	z. B. +49 (123) 456789
Mail:	z. B. name@domain.de
Anschrift:	Straße, Hausnr., PLZ, Ort, Land

Name:	Vorname, Nachname
Telefon:	z. B. +49 (123) 456789
Mobil:	z. B. +49 (123) 456789
Mail:	z. B. name@domain.de
Anschrift:	Straße, Hausnr., PLZ, Ort, Land

Hausarzt

Name:	Vorname, Nachname
Telefon:	z. B. +49 (123) 456789
Mobil:	z. B. +49 (123) 456789
Mail:	z. B. name@domain.de
Anschrift:	Straße, Hausnr., PLZ, Ort, Land

Sonstige

Name:	Vorname, Nachname
Telefon:	z. B. +49 (123) 456789
Mobil:	z. B. +49 (123) 456789
Mail:	z. B. name@domain.de
Anschrift:	Straße, Hausnr., PLZ, Ort, Land

Name:	Vorname, Nachname
Telefon:	z. B. +49 (123) 456789
Mobil:	z. B. +49 (123) 456789
Mail:	z. B. name@domain.de
Anschrift:	Straße, Hausnr., PLZ, Ort, Land

Persönliche Vorstellungen

Persönliche Dinge, die Sie im Falle einer Evakuierung mitnehmen möchten, ja evtl. täglich benötigen:

Gegenstand	Anmerkungen
Kinderbücher	
Kinder-SOS-Kapsel	
Lieblingstier	
Lieblingsstofftier	
Lieblingsbuch	
Holzbuntstifte	
Malbücher	
Elektronische Geräte	
Spiele für elektronische Geräte	
Spiele (Holzbrett)	
Spange	
Brille	
Hörgerät	
Sparbuch	
Sparschwein	
Erbstücke	
Goldbarren	
Goldmünzen	

Gegenstand	Anmerkungen
Silberbarren	
Silbermünzen	
Sonstige Edelmetalle	
Münzsammlung	
Briefmarkensammlung	
Sonstige Sammlungen	
Lieblingsbilder	
Familien-Fotoalbum	
Teppiche	
Vasen	
Edel-Geschirr	
Silber-Besteck	
Schmuckstücke	
Erinnerungs- und Erbstücke	

Notfall-Beispiele

Beachten Sie bitte **mögliche Notfälle**. An dieser Stelle will ich Ihnen über 500 weitere Notfall-Beispiele/-Möglichkeiten nennen, die Sie bitte ergänzen und auf sich selbst anpassen möchten. Vielleicht sehen Sie in dem ein oder anderen Notfallbeispiel kein Schadensereignis und schmunzeln gar darüber; bis dieses Ihnen doch mal Schaden zufügen könnte. Ihre Expositon, also Ihre persönliche Nähe zu dem Schadensereignis, ist für die Beurteilung wichtig. Dieser Schaden kann Sie als Kollateralschaden, also ein seitwärts gelagerter Schaden, aber auch mittelbar treffen. Auch dieses Schadensereignis, oder diese Schadensereignisse müssen unbedingt minimiert werden. Ich füge jeder Notfallmöglichkeit mindestens ein existierendes und trauriges Beispiel bei. Weitere Informationen zu diesen erhalten Sie im Internet oder in der einschlägigen Literatur.

Sortieren Sie mögliche Notfälle nach folgenden Aspekten:

1. Rechtlich /Politisch
2. Ökonomisch
3. Technologisch
4. Sozial / Kulturell
5. Ökologisch

Bewerten Sie einen Notfall, der unwahrscheinlich und meist unvorhersehbar ist, der plötzlich und unerwartet auftreten kann, der dynamisch und wandelnd sein kann und der ein unerwünschtes und begrenztes Schadensereignis hinterlassen würde. Bewerten Sie dabei Ihre Exposition und den evtl. Kollateralschaden.

Über 128 Notfall-Schlagworte mit mehr als 512 realen Beispielen

An dieser Stelle will ich Ihnen über 128 Notfall-Schlagworte und Möglichkeiten nennen, die Sie bitte ergänzen und auf sich selbst anpassen möchten. Vielleicht sehen Sie in dem einen oder anderen **Notfall-Beispiel** kein Schadensereignis und schmunzeln gar darüber, denn mancher hier niedergeschriebene Notfall ist wirklich kurios; bis dieser Ihnen doch mal Schaden zufügen könnte und Ihnen dann die gewohnte Sicherheit aus dem Leibe reißt.

Dieser Schaden kann Sie als Kollateralschaden, also ein seitwärts gelagerter Schaden, auch mittelbar treffen. Auch dieses Schadensereignis, oder diese Schadensereignisse müssen unbedingt minimiert werden. Ich füge in Summe 128 und jeder Notfallmöglichkeit durchschnittlich mindestens vier bis fünf existierende und traurige Beispiele bei. Weitere Informationen zu diesen erhalten Sie im Internet oder der einschlägigen Literatur. Dort finden Sie auch Synonyme wie z.B. Arbeitsniederlegung für Streik, Arbeitsaufstand oder Protestkundgebung für Arbeitskampf. Ich war bemüht, Doppelnennungen zu vermeiden, jedoch können Sie einzelne Beispiele mehreren Notfällen zuordnen, wie z.B. der Amoklauf aus dem Jahr 2021 in Würzburg, den Sie auch unter Messerattacken einordnen könnten.

Das ist aber nicht bedeutend. Zu schützen gelten Sie, Ihre Familie und Ihr Unternehmen oder Ihre Behörde nebst Mitarbeiterinnen und Mitarbeiter gegen allerlei Notfälle, die ein Schadensereignis hinterlassen würden.

Dies ist ein Weckruf: Schützen Sie was Ihnen wichtig ist!

Achten Sie bitte auf Ihre Exposition zum möglichen Schadensereignis. Je weiter Sie von diesem entfernt sind, desto weniger betrifft Sie dann dieser Notfall, umso besser fühlen Sie sich. Wenn Sie z.B. panische Flugangst haben und nie mit einem Flugzeug fliegen werden, wird Sie ein Flugzeugabsturz-Notfall oder ein Flugzeugentführungs-Notfall wenig beunruhigen. Fahren Sie dagegen gerne und vielleicht regelmäßig per Kreuzfahrt zur See, sollten Sie die möglichen Notfälle Kentern auf See, Havarie, Schiffsentführung, brennendes oder sinkendes Kreuzfahrtschiff etc. p.p. mehr als sehr sensibilisieren.

Bei den Themen Cybersicherheit und Wassermangel sollten Sie aber immer wachsam sein. Diese dazugehörenden Notfälle sind global und können Sie kollateral oder verspätet treffen.

Ansonsten gilt: „Mitten im Leben, sind wir vom Notfall umgeben!"

Nicht jedes Schadensereignis ist in dem folgenden Register aufzunehmen, aber so mancher Schadensfall ist leider - und als Warnung - erwähnenswert. So ereigneten sich im Sommer 2022 innerhalb weniger Tage Überschwemmungen in Pakistan mit über 1.160 Toten und gigantischen Zerstörungen der Infrastruktur im Wert von über 10 Milliarden Euro. Solch ein Ausmaß einer Flutkatastrophe hatte das „Land der reinen Religionen" noch nie. In der Oder, dem Grenzfluss zwischen Polen und Deutschland, wurde ein noch nie dagewesenes Fischmassensterben festgestellt. Über 400 Tonnen Fisch - die Hälfte des Bestandes in der Oder und ihren Zuflüssen - wurde in wenigen Tagen vernichtet. Ursache waren Verunreinigungen und hohe Quecksilber-Belastungen, die aus über 280 illegalen, polnischen und bis zum Schadensereignis unbekannten Abwasserkanälen zugeführt wurden. In Nieuw-Beijerland, nahe Rotterdam, rutschte ein LKW von einem Deich und krachte in ein Grillfest. Sechs Menschen wurden getötet und weitere ca. 20 wurden verletzt. Besonders tragisch waren die Unfälle mit Achterbahnen im August 2022. Bei Unfällen nach dem „Gesetz der Serie" starben mehrere Menschen im Alter von 14 bis 57 Jahren und ca. 40 weitere Fahrgäste wurden in einem Freizeitpark in Dänemark, im Legoland bei Günzburg und in Rheinland-Pfalz im Klotten-Cochem-Park verletzt.

Der Notfall ist die Überraschung aus dem Nichts!

Oft und zunehmend ist der Notfall auch die Überraschung aus dem Netz! Weltweit wurde statistisch gesehen jede zweite Firma zwischenzeitlich von einer Cyberattacke betroffen; Tendenz steigend. Unternehmen in Deutschland entsteht durch IT-Sabotage oder IT-Spionage ein jährlicher Schaden von ca. 210 Milliarden Euro (Stand 2021) und er ist somit fast doppelt so hoch wie in den Jahren 2018 oder 2019. Am 2. September 2022 fanden an diesem einzigen Tag weltweit 12.442.152 Cyber-Attacken statt. Noch nicht erfasst sind die zahlreichen Attacken auf Ihre KNX-Smart Homes and Building Solutions zu Hause in Ihren Privaträumen. Die Abgrenzungen zwischen kriminellen Banden und staatlich gesteuerten Gruppen fällt den Sicherheitsbehörden zunehmend schwerer. Mutlosigkeit, falsche Bescheidenheit, Geheimniskrämerei, Scham, Scheue oder Angst vor eventuellem Vertrauensverlust sind hier fehl am Platz. Stellen Sie sich diesen feigen Attacken und bekämpfen Sie diese mit Ihrem Notfall-Plan.

Bekämpfen Sie den Notfall entschlossen und vermeiden Sie Halbherzigkeiten. Treffen Sie Entscheidungen und improvisieren Sie falls nötig, denn Notfälle machen auch erfinderisch. Stellen Sie die Kontinuität des Geschäftsbetriebes und der Projekte wieder her und minimieren Sie unbedingt die Schäden. Ihre Notfall-Wachsamkeit muss omnipräsent sein!

Lesen Sie nun über 512 Notfall-Beispiele im Notfall-Schlagwort-Register mit über 128 Schlagworten von A bis Z. Nach Nennung des Schlagwortes wie z.B. „ABC-Anschlag", folgt im ersten Satz eine Definition oder Erläuterung, um was es sich hier handeln kann. Dann folgen chronologisch aufgereiht reale Notfälle zu diesem Schlagwort.

Diese Liste enthält Ereignisse bis Dezember 2023 und könnte täglich fortgeschrieben werden; auch weil der Mensch schnell vergisst, aus tragisch Geschehenem wenig lernt und Risiken und Gefahren im Wohlstand ignoriert. Er verdrängt mögliche Herausforderungen, ja Notfälle und er verliert das Bewusstsein dafür.

Lesen Sie bitte die folgenden real geschehenen Notfälle und nehmen Sie diese ernst. Das wäre das beste Mittel zur Verkleinerung von Risiken; Ihrer persönlichen Risiken.

ABC Anschlag

Atomarer, Biologischer oder Chemischer Zwischenfall in einer Großstadt, bei einem Sportereignis, oder auf Individuen. Neuerdings als CBRN (chemische, biologische, radiologische und nukleare) Gefahren bezeichnet, die als gas- oder dampfförmige, feste oder flüssige Aerosole vorliegen können

    1995   Nowitschok Nervengaseinsatz auf dem Telefonhörer von Iwan Kiwelidi, Moskau, Russland

    2004   wurde der damalige Ministerpräsident und Kandidat für das Präsidentenamt der Ukraine, Wiktor Juschtschenko mit 2-5 Milligramm Dioxin vergiftet. Die Lebensmittel des zuvor eingenommenen Abendessens enthielten üblicherweise keine Bestandteile der chemischen Substanzen. In den folgenden drei Jahren wurde Juschtschenko 26 Mal operiert; er ist bis heute davon gezeichnet

    2013   Senfgasherstellung und Giftgasangriffe auf die Zivilbevölkerung in Ghuta, Syrien mit über 100 Toten

    2018   Nowitschok Nervengaseinsatz gegen Sergej Skripal und seine Tochter Julia in Salisbury, England

2020 Nowitschok Nervengaseinsatz im Mineralwasser des Antikor-
ruptionsaktivisten Alexej Nawalny, Omsk, Russland

2021 meldete das AKW Taishan in der chinesischen Provinz Guang-
dong südlich von Hong Kong, beim erst 2019 in Betrieb ge-
nommenen Druckwasserreaktoren des neuen Typs (EPR) eine
Leckage mit einem Anstieg der Konzentration bestimmter Edel-
gase im Primärkreislauf und somit eine bevorstehende radiologische Notfalllage

2022 der AKW-Betreiber des Atomkraftwerkes Saporischschja in der
Ostukraine warnte vor Strahlengefahr, weil das AKW infolge
des russisch-ukrainischen Krieges unter Beschuss stand

2022 am letzten Oktobersonntag genossen zahlreiche Bürger die
wärmenden Sonnenstrahlen in Cafés am Marktplatz in Reutlin-
gen in Baden-Württemberg, als ein Verrückter vorbeisprang
und einen chemischen Wirkstoff (Reizgas/Pfefferspray) auss-
prühte und ca. 50 Personen verletzte

Abschuss

Eines Linien- oder Privatflugzeuges mit Passagieren an Bord

1983 Abschuss der Korean Airlines Flug KAL 007 durch sowjetische
Abfangjäger mit ca. 280 Toten

1985 ein Forschungsflugzeug vom Typ Dornier DO 228 des deutschen Alfred-Wegener-Instituts wurde von Streitkräften der Demokratischen Arabischen Republik Sahara mit Boden-Luft-Raketen abgeschossen. Drei Forscher starben dabei

1998 starben 41 Menschen beim Abschuss einer Boeing 727 in der
Demokratischen Republik Kongo durch kongolesische Rebellen
beim Einsatz von Boden-Luft-Raketen

2014 Malaysia Airlines Flug MH 17 wurde über der Ukraine in der
Nähe der Stadt Tores durch russische BuK-M1 Flugabwehr-
raketen abgeschossen. 300 Tote

2020 starben 176 Passagiere an Bord einer Ukraine International Ma-
schine, die kurz nach dem Start in Teheran in Folge einer Fehl-
einschätzung durch die Luftabwehr der iranischen Revolutions-
garden abgeschossen wurde. Das eigentliche Ziel war eine US-
Stellung im Irak als Vergeltung für die Tötung durch US-Droh-
nen von General Kassem Soleimani

Absturz

Eines Linien- oder Privatflugzeuges oder eines Militärjets o.Ä. mit entsprechend gefährlicher Beladung auf eine Großstadt mit Menschenopfern und Gebäudeschäden

1991 starben 223 Menschen an Bord einer Boeing 767 der Lauda Air, Flug 004 von Hongkong nach Wien, nachdem sich während des Steigflugs die Schubumkehr an einem Triebwerk unerwartet selbst aktivierte und zum Strömungsabriss und somit zum Absturz führte

1992 starben beim Absturz des EL-AL-Fluges 1862 in Amsterdam, Niederlande 43 Menschen, als eine Transportmaschine vom Typ Boeing 747-200F in einen Wohnblock krachte

2000 stürzte der Prestige-Flieger Concorde bei Paris ab. Ein 40 cm langes Metallteil führte zum Platzen eines Reifens, dessen Teile einen Tank durchschlugen und einen Triebwerksbrand auslöste. 109 Passagiere und weitere vier Menschen am Boden starben

2001 wurden am 11. September (9/11) zwei Passagierflugzeuge in die Türme des World Trade Centers in New York gesteuert (über 3.000 Tote). Zwei weitere Flugzeuge wurden zum Absturz gebracht

2002 starben bei einer Flugzeugkollision über dem Bodensee 71 Menschen, davon 49 Kinder. Der Frachtgutflug der DHL 611 und der Ferienflieger der Bashkirian-Airlines-Flug 2937 stießen in ca. 11.000 Meter über Überlingen zusammen. Der Belohnungsflug für die Gruppe hochbegabter Schüler sollte nach Barcelona gehen. Die drohende Notfallsituation wurde zwar rechtzeitig erkannt, jedoch durch menschliches Versagen (Piloten und Lotse) ausgelöst

2014 auf Flug MH 370 verschwanden 239 Menschen mit dem ganzen Flugzeug auf der Strecke Kuala Lumpur nach Peking

2015 der Copilot des Germanwings Fluges 4U9525 steuerte einen Airbus A 320-211 gezielt auf einen Hang in den Westalpen mit 150 Toten

2021 in Albuquerque, New Mexico, USA stürzte ein Heißluftballon ab. Fünf Passagiere starben

Amokfahrt

Mit einem individuellen Fahrzeug oder einem Linienbus / LKW in einer Fußgängerzone oder auf einen Prachtboulevard

1985 bei einer 45-minütigen Amokfahrt durch verschiedene Stadtteile von Karlsruhe, tötete ein Amokfahrer fünf Menschen und verletzte vier schwer

2016 Amokfahrt eines mehrfach verurteilten Gewalttäters in den gut besuchten Weihnachtsmarkt an der Gedächtniskirche in Berlin mit elf Toten

2016 bei der 1.700 Meter langen Todesfahrt mit einem LKW über Nizzas Strandpromenade tötete ein 31-Jähriger Tunesier in ca. vier Minuten 86 Menschen.

2019 endete eine zweieinhalbstündige Amokfahrt in Odessa, Texas mit dem Tod des Amokfahrers und von sieben weiteren Verkehrsteilnehmern. 20 wurden verletzt. Der Mann entführte ein Postauto und schoss aus diesem auf Polizisten, Passanten und Verkehrsteilnehmer

2020 lenkte ein Mann sein Auto vorsätzlich durch eine belebte Fußgängerzone von Trier und tötete dabei fünf Menschen und verletzte 24 zum Teil schwer

2020 mokfahrt eines psychisch labilen 51 jährigen mit einem SUV in der Trierer Fußgängerzone / Porta Nigra mit fünf Toten (davon ein neun Wochen altes Baby) und 14 Verletzten

2020 bei der Amokfahrt in einen Rosenmontagszug im nordhessischen Volkmarsen wurden 60 Karnevalisten verletzt

2022 lenkte in Berlin ein Fahrer sein Fahrzeug am Breitscheidplatz nahe der Gedächtniskirche mit sehr hoher Geschwindigkeit in eine Menschenmenge und hinterließ eine lange Schneise der Verwüstung, bevor das KFZ in ein Schaufenster einer Drogerie krachte. Ein Mensch starb, acht weitere Personen wurden schwer verletzt

Amoklauf

In einer Schule, einer Unternehmung, oder auf einem Amt, bzw. in einer Behörde, oder auf einem Weihnachtsmarkt / im Supermarkt

2002 Amoklauf von Erfurt am Gutenberg Gymnasium mit 17 Toten

2009 Amoklauf von Winnenden. 16 Menschen starben in der Realschule

2021 bewaffneter Angriff auf eine Schule im russischen Kasan. Elf Schüler starben

2021 Amoklauf von Würzburg, bei dem ein Islamist im Kaufhaus ein Messer kaufte und mit diesem drei Frauen in der Fußgängerzone erstach. Ein Trittbrettfahrer ging am folgenden Tag in Erfurt

mit einem Messer auf zwei Passanten los. Diese erlitten Schnitt-
wunden
2022 drang ein Amokläufer in eine laufende Vorlesung der Universität Heidelberg ein und schoss mit einer Langwaffe um sich. Der
Einzeltäter verstarb suizidär, nachdem er drei Studenten schwer
verletzte und eine junge Frau tötete
2022 in der New Yorker U-Bahn setzte ein Fahrgast plötzlich eine
Gasmaske auf, versprühte aus einem Behälter dort produzier-
ten Rauch und Nebel und schoss wild um sich. 26 Fahrgäste
wurden teils schwer verletzt
2022 wurden in der Robb Elementary School in Uvalde, Texas 19
Schülerinnen und Schüler, sowie zwei Lehrerinnen von einem
18-Jährigen erschossen

Angelunfall
Schwerwiegendes Schadensereignis beim Freizeitvergnügen

2006 verstarb der berühmte australische Tierfilmer, Abenteurer und
Zoodirektor Stephan Robert Irwin bei Dreh- und Angelarbeiten
am Great Barrier Riff durch den Stick eines Stachelrochens in
das Herz
2021 musste die Deutsche Gesellschaft zur Rettung Schiffbrüchiger
einen 37-jährigen Angler retten, der zuvor von einem Peter-
männchen gestochen wurde. Der Fisch gehört zu den gefähr-
lichsten Gifttieren Europas. Sein Stich löst Schwellungen und
Herzrhythmusstörungen aus

Anschläge auf Kulturgüter
Vandalismus in Museen, gegen Grabanlagen, Zerstörung Jahrtausende alter
Kulturzeugnisse

2015 Terror gegen und unwiederbringliche Zerstörung Jahrtausende
alter Kulturzeugnisse in Mossul
2015 IS-Terroristen sprengten 2000 Jahre alten Baaltempel und die
Grabtürme von Palmyra in Syrien
2016 wurden in Schwarzenberg, Sachsen erzgebirgische Kulturgüter
wie Ortspyramiden und historische Bergbaudarstellungen geschändet
2020 mutwillige Beschädigung auf 63 Objekte in mehreren Museen
auf der Museumsinsel in Berlin

2022 wurden durch den Angriff auf die Ukraine in den ersten 100 Tagen über 370 Kulturstätten und Denkmäler im ganzen Land zerstört

Arbeitsniederlegungen

Ausübung des kollektiven Drucks mittels Streik oder Arbeitsverweigerung zur Einforderung einer tariflichen Regelung

1726 streikten die Augsburger Schuhmacher/Schuhknechte über 14 Wochen

1981 streikten die US-Fluglotsen, von denen dann durch Präsident R. Reagan 11.000 Lotsen entlassen wurden

2014 von Herbst 2014 bis Mai 2015 organisierte die GDL (Gewerkschaft Deutscher Lokomotivführer) insgesamt neun mehrtägige, flächendeckende Streiks bei der Deutschen Bahn. Der achte Streik war Anfang Mai mit einer Dauer von sechs Tagen der bislang längste Ausstand im Tarifkonflikt.

2015 mobilisierte die Gewerkschaft GEW hunderte Lehrer in Bochum und Dortmund zum Warnstreik

2020 legten fast 3.000 Beschäftigte im Hessischen ÖPNV die Arbeit in ausgewählten Städten nieder

Arbeitsunfall

Eine von außen kommende, plötzliche, d.h. auf längstens eine Arbeitsschicht begrenzte, körperlich schädigende Einwirkung, die in einem inneren, wesentlichen, zumindest teilursächlichen Zusammenhang mit der Arbeitstätigkeit steht

1950 starben bei einer Schlagwetterexplosion in der Zeche Dahlbusch im Steinkohleabbau Gelsenkirchen, 78 Kumpel bei der Arbeit

1963 wurden in Lengede-Broistedt (Das Wunder von Lengede) 11 Kumpel lebend gerettet, nachdem zuvor ein Wassereinbruch die Erzförderung lahmlegte. 29 Kumpel starben

1984 wurde bei einem Pepsi-Werbespot die Pyrotechnik zu früh gezündet und setzte Michael Jacksons Haar in Brand. Der „King of Pop" erlitt Verbrennungen zweiten und dritten Grades. Pepsi zahlte 1,5 Millionen Dollar Schadenersatz. Danach (Kollateral) begann seine Abhängigkeit von Schmerzmitteln und die Besessenheit von plastischen Operationen

2017 beim sonntäglichen Spazierengehen wurde ein 60-jähriger Arbeitnehmer auf einem Zebrastreifen von einem Auto erfasst. Urteil des Sozialgerichts Düsseldorf: „Arbeitsunfall!" Der 60-Jährige befand sich zum Zeitpunkt des Unfalls in Kur und wollte abnehmen. Durch den Spaziergang wollte er seinem Ziel etwas näher kommen. Das Sozialgericht Düsseldorf sah deshalb einen „inneren Zusammenhang zwischen der Kur und dem Spaziergang" und wertete das als Arbeitsunfall (Aktenzeichen: S 6 U 545/14)"

2021 starb ein Arbeiter, nachdem das Arbeitsgerüst bei heftigstem Mai-Regen unterspült wurde und vier Kollegen mit in die Tiefe eines Zuflusses des Neckars in Stuttgart gerissen wurden

2021 waren auf der BAB 6 bei St. Leon-Rot/Heidelberg mehrere LKW in einen schweren Unfall verwickelt. Für einen Lastkraftfahrer kam jede Hilfe zu spät

2021 erschoss der bekannte US-Schauspieler Alec Baldwin bei Dreharbeiten zum Film Western Rust auf der Bonanza Creek Ranch nahe Santa Fe, die 42-jährige Kamerafrau Halyna Hutchins mit einer „Cold Gun", was bedeutet, dass die Waffe nicht mit echter Munition geladen sein sollte

Attentat

Ein versuchtes Verbrechen auf bedeutende Einzelpersonen, auf eine Großveranstaltung, religiöse Einrichtungen oder ein Mega-Sportevent

1944 Attentat und Staatsstreichversuch durch Oberst Claus Schenk Graf von Stauffenberg

1972 bei den Olympischen Spielen von München stürmten palästinensische Attentäter der Terrororganisation „Schwarzer September" das israelische Quartier und nahmen acht Geisel. Bei der folgenden Befreiungsaktion starben alle Geiseln, fünf Attentäter und ein deutscher Polizist

1980 Oktoberfest in München mit 13 Toten und 221 Verletzten

1981 Attentat auf den ägyptischen Präsidenten Anwar as Sadat

2011 beim Attentat von zwei zusammenhängenden Anschlägen in der norwegischen Hauptstadt Oslo und auf der Insel Utoya, starben 77 Menschen durch die Waffen des Attentäters Anders Behring Breivik. Zunächst zündete er im Regierungsviertel eine Ablenkungs-Autobombe und fuhr dann zur Insel Utoya, wo er sich als Polizist ausgab um dann das Feuer auf die Teilnehmer des Sommerfests einer Jugendorganisation zu eröffnen

2013 starben beim Anschlag auf den Boston-Marathon drei Menschen und über 260 wurden teilweise schwer verletzt. Mindestens 14 Opfern mussten Gliedmaßen amputiert werden. Die Bomben, die im Abstand von 13 Sekunden explodierten, waren in zwei Rücksäcken am Boden auf der Zielgeraden platziert worden, weshalb die meisten Opfer Verletzungen an den Beinen hatten

2015 starben bei vier Anschlägen binnen weniger Stunden 130 Menschen, als islamistische Attentäter durch Paris und den Vorort Saint-Denis wüteten. Die meisten Opfer waren im Bataclan, einem Veranstaltungsort für Livemusik zu beklagen

2019 Terroranschlag auf zwei Moscheen in Christchurch, Neuseeland

2021 verletzte ein Greenpeace-Aktivist, der bei der Euro 2020 an einem Gleitschirm in das Fußballstadion/Allianz-Arena einschwebte, vor dem Anpfiff Deutschland gegen Frankreich, zwei Zuschauer

2021 bei einer Messerattacke verletzte ein junger Mann in Tokyo während der Olympischen Spiele in einer U-Bahn zehn Menschen

2021 wurden in der südenglischen Stadt Plymouth bei einem ernsthaften Vorfall mit Schusswaffen sechs Menschen erschossen. Der Täter sei in ein Haus eingedrungen und habe dort und dann vor dem Haus auf offener Straße wild um sich geschossen

2021 starben in Kongsberg bei Oslo fünf Menschen durch die Hand eines Bogenschützens, nachdem ein 37-jähriger Däne mit Pfeilen auf Passanten schoss. Das Tatmotiv war unklar. Weil es nach Aussagen der Polizei Radikalisierungstendenzen gab, stand der Täter seit einiger Zeit unter Beobachtung

2022 die US-Gemeinschaft kam am Nationalfeiertag, dem 4. Juli zusammen, um die Freiheit und den Unabhängigkeitstag zu feiern. In Highland Park, einem Vorort von Chicago wurden sechs Menschen von einem 20 Jahre alten Attentäter erschossen und 31 Besucher der Parade teils schwer verletzt

2022 in zwei 500 km voneinander entfernten Bars in Südafrika (Pietermaritzburg und Johannesburg), haben Angreifer auf Feiernde Barbesucher geschossen. Am Ende waren 19 (15 und 4) Menschen tot

2023 Terrorangriff „Operation Al Aksa Flut" der islamistischen Hamas aus dem Gazastreifen heraus auf Israels Staatsgebiet mit 1.200 Toten, ca. 5.400 Verletzten und über 250 Geiseln

Attentat auf Politiker

Eine Gewalttat, die auf eine Verletzung oder gar Tötung eines Volksvertreters abzielt

44 v. Chr. Mord an Gaius Julius Caesar mit 23 Messerstichen

1865 starb der US-Präsident Abraham Lincoln. Der Schauspieler John Booth schoss ihm im Ford's Theater in Washington D.C. während einer Vorstellung in den Kopf

1874 zwei Kugeln aus der Pistole des Böttchergesellen Eduard Kullmann, verfehlten den Kopf und streiften die zum Gruß erhobene rechte Hand des Reichskanzlers Otto Fürst von Bismarck

1963 bei dem Attentat auf John F. Kennedy kam der 35. Präsident der Vereinigten Staaten von Amerika in Dallas, TX durch zwei Gewehrschüsse ums Leben

1981 sechs Schüsse wurden auf den US-Präsidenten Ronald Reagan in Washington D.C. abgegeben. Getroffen wurden ein Polizeibeamter, ein Secret-Service-Beamter und der Pressesprecher James Brady, der dauerhafte Folgen erlitt. Ein Projektil prallte am gepanzerten Fahrzeug ab und traf Reagan. Er überlebte

1990 wurde Wolfgang Scheuble bei einer Wahlkampfveranstaltung niedergeschossen. Seitdem ist er auf einen Rollstuhl angewiesen

2022 Japans früherer Ministerpräsident Shinzo Abe, wurde trotz pazifistischer Nachkriegsverfassung am helllichten Tag bei einer Wahlkampfrede von hinten mit einer selbstgebastelten Waffe niedergeschossen. Er starb wenige Zeit später im Krankenhaus

Badeunfall

Schadensereignis beim Freizeit-Wassersport, Schwimmen, Baden

2021 ertranken bei der Hitzewelle im Mai/Juni über 30 Abkühlung suchende Menschen in Seen und Flüssen in Deutschland

2022 an der bretonischen Küste erfasste eine Superwelle ein einheimisches Ehepaar und eines ihrer vier Kinder und riss sie in den Tod. Die drei anderen Kinder überlebten unverletzt

2022 ertranken in der ersten Hitzewelle des Jahres im Monat Juni 24 Menschen in dt. Bade- oder Baggerseen; auch weil ein enormer Mangel an Rettungsschwimmer herrschte, die in der Coronazeit nicht ausgebildet wurden

2022 schwammen drei Touristen bei starkem Wind und hohen Wellen in der Ägäis. Die Strömung trieb das Trio auf das offene

Meer. Ein Surfer rettete einen Schwimmer nach drei Stunden. Ein anderer Schwimmer wurde 19 Stunden später vor der Halbinsel Chalkidiki gerettet. Er war 14 Seemeilen (ca. 25 Km) in die See getrieben worden. Der Dritte wurde nicht gefunden

Bakterieller Zwischenfall

Freisetzung oder Übertragung von Bakterien bei einer größeren Menschenansammlung oder Individuen

1346 setzten die Belagerer der Hafenstadt Kaffa am Schwarzen Meer die an Pest verstorbenen Soldaten als „Fliegende Leichen" ein, die mit Katapulten über die Stadtmauern geschleudert wurden um dort die Pest zu verbreiten. Mit der Flucht der Anwohner gelangten die Viren 1348 nach Europa und verbreiteten sich rasant

1941 bakterielle Kontamination durch Bluttransfusion in den USA

2018 bakterielle Verunreinigung des Leitungswassers in Engelbrand im Enzkreis

Bankenpleite

Eine temporäre oder dauerhafte Zahlungsunfähigkeit eines oder mehrere Kreditinstitute in einem Staat

2007 Washington Mutual (US-Bausparkasse)

2008 Lehman Brothers stellte infolge der Finanzkrise den Insolvenzantrag. 28.000 Mitarbeiter waren in wenigen Stunden ohne Job

2008 zahlte der Bund 18 Milliarden zur Rettung der Commerzbank

2020 verloren dt. Banken über zwei Milliarden Euro beim Wirecard-Skandal

2021 mit der Insolvenz der Bremer Greensill Bank gingen 3,5 Milliarden Euro (überwiegend Einlagen von Kommunen) verloren

2021 verbrannte die Credit Suisse 4,4 Milliarden Franken mit Viacom Aktien bei der Archegos-Pleite und musste staatlich gestützt werden

2023 wurde die Silicon Valley Bank SVB, das für Start-Ups wichtigste Bankhaus der USA, von den US-Behörden geschlossen. Aus einem Verkauf von Wertpapieren über 21 Milliarden US-Dollar, blieb ein Verlust von 1,7 Milliarden US-Dollar übrig

Blitzschlag

Energieentladung, kurzeitiger Lichtbogen mit bis zu 30.000 Grad Celcius Hitze in Ihr Haus, Produktionshalle oder in eine Wandergruppe

2011 in eine Schule in Uganda
2017 in ein Spital in Kärnten
2019 starb eine Norwegerin, als sie beim siebenten Ultra Skyrace in Südtirol in der Nähe des Kratzberger Sees vom Blitz getroffen und tödlich verletzt wurde.
2020 in mehrere Häuser in Liverpool, England
2021 starben 27 Menschen durch Blitzeinschlag in eine Menschenmenge in Indien

Börsencrash

Spekulationsblasen platzen und der Ausverkauf ganzer Wirtschaftszweige führen zu erheblichen Kurseinbrüchen und Verlusten

1929 am 24. Oktober in New York. Der folgenreichste Börsencrash der Geschichte und Auslöser der Weltwirtschaftskrise
1987 am 19. Oktober begann in Hong Kong und wanderte über den Globus
2008 Lehman-Brothers-Krise am 15. September 2008, der Tag, an dem die Börsen kollabierten
2021 fielen in einer Woche weltweit die Kurse um ca. 40%, als die Covid-19 Krankheit als Pandemie eingestuft wurde
2022 fielen in wenigen Wochen die Kurse an den wichtigen Börsen DAX, Dow Jones, FTSE 100… um durchschnittlich 33% infolge des Ukrainekrieges. In den ersten drei Quartalen verloren Anleger weltweit über 36 Billionen (36.000.000.000.000) US$ an Anlagen in Aktien und Anleihen

Bootsunfall

Kentern oder Leckschlagen einer Urlaubsfähre, oder eines Ruder-bootes, Kreuzfahrtschiffes

1852 sank die HMS Birkenhead vor Südafrika und riss 440 Menschen (Besatzung, Soldaten, Offiziere und Ärzte) und Tiere mit in die Untiefen. Auch der Lieutenant Colonel Alexander Seton starb. Er gab noch die seit dieser Tage geltende Birkenhead-Regel „Frauen und Kinder zuerst" aus, welche den bis dahin geltenden Befehl „Rette sich wer kann" ersetzte. Alle 25 Frauen und 31 Kinder überlebten

1912 kollidierte die RMS Titanic 300 Seemeilen südöstlich von Neu-fundland seitlich mit einem Eisberg und sank fast drei Stunden später. Obwohl für die Evakuierung mehr als zwei Stunden zur Verfügung standen, kamen über 1.500 Menschen ums Leben. Dies auch, weil eine ungenügende Zahl von 20 Rettungsbooten die benötigten 64 Rettungsboote nicht erfüllte

1987 kenterte die Herald of Free Enterprise, die im Linienverkehr Ca-lais-Dover eingesetzt wurde, bei der Ausfahrt aus dem Hafen Zeebrügge, sank jedoch nicht komplett und legte sich auf eine Sandbank in neun Meter Tiefe. Von den 543 Passagieren und 80 Crewmitgliedern, kamen 183 Personen zu Tode

1988 kenterte der US- Fischtrawler Atlantic Rose in der Beringsee und riss 14 Seeleute mit in die Tiefe, weil eine Luke nicht geschlos-sen war

1994 fand mit dem Untergang der Estonia das schwerste Schiffsun-glück der europäischen Nachkriegsgeschichte statt. 852 Men-schen ertranken, bzw. erfroren in der kalten September-Ostsee

2012 kollidierte die Costa Concordia vor der Insel Giglio mit einem Felsen. 32 Passagiere starben

2021 kenterte auf dem Niger in Nigeria ein Boot mit 130 Passagieren wegen Überladung. Das Boot transportierte auch Erze und Ge-steine aus einer nahen Goldmine. Alle Passagiere kamen um

2022 ein Gewitter überraschte mehrere Menschen bei einer Canyo-ning-Tour durch eine Schlucht in Bayern. Eine 27-Jährige wurde nur noch tot aus der Starzlachklamm bei Sonthofen geborgen. Ihre zwei männlichen Begleiter mussten im Krankenhaus be-handelt werden

Boykott

Politisches, wirtschaftliches oder soziales Druckmittel nebst Ächtung mit Ausschluss von speziellen Ereignissen. Früher auch Verhansung, also Ausschluss einer Stadt aus der Hanse genannt

1961 S-Bahn-Boykott in West-Berlin als Protestmaßnahme gegen den Mauerbau (Die Dt. Reichsbahn betrieb auch die Eisenbah-nen in West Berlin)

1976 Boykott der Olympischen Spiele in Montreal

1978 Außenhandelsboykott gegen Südafrika

1980 Boykott der Olympischen Spiele in Moskau

1995 Konsumentenboykott gegen Shell wegen deren Entsorgungspläne zur Brent Spar
2011 EU-Embargo gegen den Iran wegen Öllieferungen
2022 USA und 180 Menschenrechtsorganisationen riefen auf zum Olympia-Boykott der XXIV. Winterspiele in Peking wegen Menschenrechtsverletzungen

Brandkatastrophe

Großbrand in einem Hochhaus, Einkaufscenter oder einer Seilbahn

2000 Tunnelunglück/Brandkatastrophe der Gletscherbahn Kaprun 2 mit 155 Toten
2017 Brand des Grenfell Tower Wohnhauses in London mit 72 Toten
2020 Brand am historischen Pier 45 in San Francisco
2021 Großbrand in einem Busdepot der Üstra in Hannover. Neun Busse (E-Busse, Batterielager und Konventionelle Busse) brannten aus
2021 von einer biblischen Katastrophe sprach man in Griechenland, als wochenlange Großfeuer über das Land wüteten und auf der Peleponnes über 70 % des Landes zerstörten. 1.200 Menschen mussten evakuiert werden

Brief-/Paketbombe

Postalische Brief- oder Paketbombenzustellung an potenzielle Opfer

1993 Briefbombe für OB Helmut Zilk, Wien explodierte im Rathaus
1994 Briefbombenserie (25 Stück) des Franz Fuchs in Österreich
2020 Trump-Anhänger sendete Briefbomben an Trump-Kritiker
2021 Briefbombe zündete in Zentrale von Lidl

Brückeneinsturz

Einsturz eines Bauwerks, das Verkehrswege oder Versorgungs-einrichtungen über natürliche Hindernisse oder andere Verkehrswege hinwegführt

1881 wurden die Fundamente der Eisenbahnbrücke unterspült. Cuatla, Mexico mit 200 Toten
1899 wurde die Max-Joseph-Eisenfachwerkbrücke in München beim Jahrhunderthochwasser weggerissen

1957 Eisenbahnüberführung in Lewisham /London. Im Nebel stoppte ein Zug. Der nachfolgende überfuhr Vor- und Stoppsignale, fuhr auf, entgleiste und riss die Brücke weg. 90 Tote und ca. 170 Verletzte

2018 in Genua, Italien stürzte die innerstädtische Autobahnbrücke Polcevera-Viadukt wegen Korrosion an den Tragseilen ein. 43 Tote

2021 Mexico-City Hochbahneinsturz mit 24 Toten und 148 Verletzten

2021 Beim Einsturz einer Fußgängerbrücke über eine Autobahn in der US Hauptstadt Washington, sind mehrere Menschen verletzt worden

Busunglück

Ein Busunglück mit mindestens einem Bus, also einem Straßenfahrzeug das zur Beförderung zahlreicher Personen im öffentlichen Verkehr, oder im Reisegeschäft eingesetzt wird

1954 versagten auf einer Gefällstrecke nahe St.-Paul auf Réunion die Bremsen eines Busses. 54 Personen starben bei dem anschließenden Unfall

1974 starben neun Kinder in einem Schulbus, als bei Podolinec in der Slowakei, der Anhänger eines LKW wegen technischer Mängel ins Schleudern kam. Dabei brach die Bordwand des Hängers herunter und schlitzte einen entgegenkommenden Bus auf, in welchem Kinder auf einem Schulausflug saßen

1983 hatten sechs Passagiere ihr Leben verloren und zehn Menschen wurden schwer verletzt, als in Neuwiederitzsch bei Leipzig ein Linienbus mit einer einzeln fahrenden Lokomotive an einem beschrankten Bahnübergang, an dem die Schranke vorzeitig geöffnet wurde, zusammenstieß

1992 kam ein mit 53 Passagieren besetzter Bus von der Fahrbahn ab, als er auf dem Autobahnzubringer nahe Donaueschingen fuhr. Dabei kamen 20 Menschen ums Leben und 35 Fahrgäste wurden verletzt

2012 starben in Jerusalem zehn Kinder und über 40 Schüler wurden teils schwer verletzt, als ein Lastwagen mit einem Bus voller Schüler zusammenstieß. Der LKW-Fahrer verlor wegen schlechter Straßenverhältnisse die Kontrolle über sein Fahrzeug und krachte in den Schulbus

2021 starben in der Urlaubsregion Madhya Pradesh in Indien 37 Fahrgäste, als der mit 50 Personen besetzte Bus von einer Brücke in einen darunterliegenden Kanal stürzte

Chemiefabrikunfall

Unbeabsichtigte Freisetzung von Gefahrstoffen in Ihrer Nähe, oder in der Industrieregion mit Schadstoffwolke

1976 in Seveso nahe Mailand löste eine chemische Reaktion über den Anstieg von Druck und Temperatur eine Explosion, ein Thermisches Durchgehen aus. Dabei wurden (geschätzt) 34 Kilogramm des hochgiftigen Dioxins TCDD (Tetrachlordibenzodioxin) freigesetzt. Über 500 Familien mussten der behördlich angeordneten Zwangsräumung folgen und ihr Anwesen für mehr als sechs Monate verlassen.

2017 in einem BASF-Werk in Ludwigshafen brannten und explodierten eine Reihe von Chemieanlagen, die miteinander im Stoffverbund standen. Fünf Menschen starben, 28 wurden verletzt

2020 Explosion in einer Chemiefabrik bei Venedig

2021 verursachte eine Explosion auf dem Gelände des größten Chemieparks Europas in Leverkusen ein Großfeuer. Die Explosion war noch in 40 km Entfernung gemessen worden. Das Landesumweltamt informierte die Bürger, den Niederschlag der Rauchwolke nicht zu berühren und kein Gemüse aus dem Garten zu essen, da extreme Gefahr bestünde und eine gesundheitliche Beeinträchtigung nicht auszuschließen sei. Klima- und Lüftungsanlagen seien anzuschalten, Fenster sollten geschlossen bleiben. 31 Menschen wurden auf dem Chemiepark verletzt, sieben Arbeiter fanden den Tod

Cyber-Attacken

Angriff auf Ihren individuellen Computer (Homeoffice), auf Ihre mobilen Endgeräte, auf die Betriebs- oder Prozessleitebene, oder auf die Unternehmens-IT-Struktur, oder auf Ihr Smart-Home

2014 Bitcoin-Angriff mit Diebstahl von Bitcoins im Wert von 460 Millionen US$ in den USA

2015 über Wochen andauernder Angriff russischer Hacker auf das Netzwerk des Deutschen Bundestags und dessen Abgeordnete. Infiziert wurden Dateien mit E-Mails und Dokumenten.

2019 über 100.000 Cyber-Angriffe auf deutsche Unternehmen

2019 Hacker griffen den Bundestag an und veröffentlichten hunderter Daten (Handynummer, Adressen und Kontaktdaten) von Abgeordneten aller Parteien (außer von der AfD)

2020 teilte die EU-Arzneimittelbehörde EMA mit, Opfer einer mehrmonatigen Cyberattacke gewesen zu sein. Zweck: Dokumente und Informationen zu BioNTech Anticovid-19 Medikation zu erlangen

2021 verübten Hacker einen Angriff auf ein Wasserwerk in den USA und erhöhten die Chemikalienzufuhr um das Hundertfache

2021 fanden an einem Tag im Februar 30.000 Cyberattacken auf US-Behörden statt

2021 fanden in Deutschland täglich über 400.000 Cyberattacken statt

2021 Hackerangriff auf die wichtigste US-Pipeline mit täglich 2,5 Millionen Barrel Kraftstoffdurchfluss (Militär, US-Ostküste, Flughäfen). Der Betreiber Colonial Pipeline räumte einen Angriff mit Ransomeware ein und meldet den Zugriff auf 100 Gigabyte interner Daten. Das Lösegeld betrug über 4 Mio. US-Dollar

2021 zahlte der weltgrößte Fleischverarbeitungsbetrieb JBS über 11 Mio. US-Dollar nach einer Ransomeware-Attacke, um seine Systeme wieder zum Laufen zu bringen

2021 musste die schwedische Supermarktkette COOP nach einer Ransomware-Attacke 800 Filialen schließen. Die Verkaufskassen wurden lahmgelegt. Die Hackergruppe REvil forderte 70 Millionen US-Dollar in der Digitalwährung Bitcoin. Sie nutzte eine Schwachstelle beim amerikanischen IT-Dienstleister Kaseya, um dessen Kunden mit einem Programm zu attackieren. Insgesamt wurden dabei über 1.400 Firmen angegriffen.

2021 wurden bei der dezentralen Finanzplattform PolyNetwork zehntausende Kontozugänge geknackt und über 600 Millionen Dollar in Form eines digitalen Vermögenswertes (Krypto) abgezogen

2021 wurde das Netzwerk im französischen Gesundheitswesen in Paris gehackt. Dabei wurden 1.400.000 Covid-19 Testergebnisse online gestohlen

2021 mussten zwölf SRH (Stiftung Rehabilitation Heidelberg SdbR) Kliniken, die jährlich ca. eine Millionen Patienten betreuen, offline gestellt werden, weil deren IT-Infrastruktur gezielt mit einer Schadsoftware angegriffen wurde. Aus Sicherheitsgründen wurde dann wieder zunächst mit Stift und Papier gearbeitet

2021 durch einen Hackerangriff hatte die Stadt Witten - nahe Bochum im Ruhrgebiet - keinen Zugriff mehr auf wichtige Systeme der Stadtverwaltung. Die 1.400 Mitarbeiter der Stadt stiegen auf Analogtechnologie um und nutzten wieder Stift und Papier. "Vieles ist noch gar nicht absehbar. Das ist schon eine belastende Situation. Nicht nur beruflich, sondern für viele die hier aktiv sind und auch persönlich" sagte der Stadtkämmerer Matthias Kleinschmidt am 20.10.2021 gegenüber dem WDR

2021 wurden die Elektronikmärkte von Saturn und MediaMarkt in ganz Deutschland und den Niederlande mit einem Verschlüsselungstrojaner attackiert. Schwerpunkt war das Warenwirtschafts- und das Kassensystem. Die MediaMarktSaturn Retail Group betrieb in Europa über 1.000 Märkte

2021 versandten Betrüger Zehntausende Fake-Mails, nachdem sie in den Server der US-Bundespolizei FBI und deren Mail-Service eingedrungen waren. Die Mails wurden im Namen der FBI Abteilung zur Erkennung von Cyber-Bedrohungen verschickt

2022 erbeuteten Unbekannte die persönlichen Daten von über 500.000 Schutzbedürftigen, also Menschen, die aufgrund von Konflikten oder Katastrophen von ihren Familien getrennt wurden, oder vermisst oder in Haft sind. Ein externes Unternehmen hatte sie für das Internationale Komitee vom Roten Kreuz (IKRK) gespeichert

2022 störte ein Cyberangriff auf mehrere europäische Hafenanlagen die Abfertigungen von Öl, Obst und anderer Lebensmittel. Der Angriff hatte dem Logistikkonzern Sea Invest gegolten und legte das Computersystem des Unternehmens lahm. Ebenso waren mehrere Öllager in Belgien betroffen

2022 durch eine Cyberattacke ausgelöste technische Probleme im Kontrollcenter der Deutschen Flugsicherung (DFS) in Langen, störten den Flugbetrieb erheblich bei An- und Abflügen in Frankfurt, Köln und Düsseldorf, sowie auch Überlandflüge im Luftraum von der westlichen Landesgrenze bis zur Mitte Deutschlands und bis zu einer Höhe von 8.500 Meter

2022 ein Cyberangriff auf eine Blockchainbrücke der Kryptobörse Binonce verursachte den Diebstahl von 570 Millionen US-Dollar

2022 Hacker veröffentlichten erbeutete Daten mit acht Gigabyte großen Listen und 55 Millionen Dateien mit Informationen von Kunden, Mitarbeitern und Geschäftspartnern vom Cyber-Angriff auf das Dax Unternehmen Continental

2022 Cyberattacken auf den größten australischen Privat-Krankenversicherer med i bank. Das Lösegeld von 1,- US$ je Versicherten, also 97 Millionen US-Dollar, wurde nicht bezahlt. Daraufhin wurden sensible Daten von alkoholkranken Versicherten und von Frauen, die ihre Schwangerschaft abgebrochen hatten (Abruptio graviditatis), im Darknet (dem verborgenen Teil des Internets) veröffentlicht. Weitere Befunde und Behandlungen von Versicherten folgten

2022 Die Stadt Potsdam ging nach einer heftigen Cyber-Attacke zwischen Weihnachten und Silvester offline. Formulare, Anträge etc. mussten wieder auf Papier geschrieben werden. Die Stadt richtete einen Krisenstab ein, das Landeskriminalamt ermittelte.

Dammbruch

Schaden durch Wassermassen und Flutwellen an der See in das Landesinnere

1972 Stauanlagenunfall bei Canyon Lake, USA mit 236 Toten

2019 Dammbruch eines Abraumbeckens einer Eisenerzmine in der Nähe von Belo Horizonte, Brasilien mit 300 Toten

2021 zerstörte nach heftigen Regenfällen eine Flutwelle in der chinesischen Metropole Zhengzhou den Damm eines Wasserreservoirs. 200.000 Menschen der Millionenstadt wurden in Sicherheit gebracht

Dauerregen

Länger anhaltender Niederschlag mit Überschwemmungen, Störung der Infrastruktur

2019 wochenlanger Starkregen / Hochwasser in Indien und Pakistan

2020 Überflutungen in Neuseeland und in Indien

2020 Dauerregen in Italien und Frankreich

2021 Dauerregen im Mai und Juni in Europa

2022 starben in Quito, Ecuador 24 Menschen bei durch Dauerregen ausgelöste Schlammlawinen, die sich durch die Stadt wälzten

2022 kamen bei einem sechsstündigen Dauerregen solche Wassermassen zusammen, wie sonst im ganzen Monat Februar. Die Schlammlawine rollte durch die Stadt Petrópolis in der Nähe von Rio de Janeiro und brachte 140 Menschen den Tod. Über 80 der meist illegal errichteten Häuser wurden von der Schlammlawine erfasst

Demonstrationen

Märsche und sogenannte Spaziergänge auf öffentliche Gebäude, Plätze, Plünderungen, Bannmeilenmissachtung, militante Kundgebungen, Polizeieinsatz

1981 demonstrierten 120.000 Menschen gegen die Startbahn 18 West

2020 Erstürmung des Reichstagsaufgangs bei Demonstration in Berlin

2022 demonstrierten zahlreiche unterschiedlichste Gruppen von 10.000 bis zu 100.000 Menschen aus allen sozialen Schichten in ganz Europa gegen die sich ständigen ändernden Corona-Regelungen

2023 Tausende europäische Landwirte blockierten die Infrastrukturen in mehreren europäischen Ländern und besonders in Brüssel, nachdem ihnen wichtige Agrar-Subventionen gekürzt oder gestrichen wurden. Sie demonstrierten auch gegen die enorme Bürokratie in der Landwirtschaft und verhinderten politische Treffen

Drohnenangriff

Einsatz autarker Flugobjekte für terroristische Gruppen mit Transport von ABC-Waffen o.Ä.

2018 weltweiter Einsatz von militärischen Drohnen

2020 Drohnenangriff auf die Air Base Ramstein

2021 starben bei einem US-Drohnenangriff in der afghanischen Hauptstadt Kabul gegen IS-Kämpfer auch zahlreiche Zivilisten

2022 mussten mehrere Jumbojets (Boeing 747) den Landeanflug auf Frankfurt abbrechen, weil sich Drohnen im Anflugsektor befanden

2023 Während des Ukrainekriegs schoss Russland täglich hunderte Drohnen zur Aufklärung und zum Zweck des Bombentransports gegen die Ukraine. Diese erwiderte mit eigenen Drohnenflügen. Weiter wurden Drohnen von den Huthi-Rebellen aus dem Jemen gegen Handelsschiffe im Roten Meer eingesetzt und aus dem Iran flogen Drohnen gegen Israel

Dürresommer

Mit Ernteausfall und/oder Wassermangel über mehrere Jahre

1976 musste der Staat den Notstand ausrufen, weil Futter für Tiere nach einer Jahrhunderthitze und entsprechender Dürre knapp wurden

2017 Dürreperioden in Australien

2018-2020 Drei Dürresommer in Deutschland in Folge

2021 erreichte der Grundwasserspiegel nur 72% weil zu wenig Niederschlag fiel und die Hitze zu groß war

2022 Ende Juli waren über 80 Prozent der deutschen Landesfläche von Dürre betroffen. Dieser Sommer wurde zu dem trockensten Sommer seit Beginn der Aufzeichnungen im Jahr 1881. Das hatte vor allem Folgen für den Wasserhaushalt des Landes. Deutschland zählt zu den Regionen mit den größten Wasserverlusten weltweit

Erdrutsch

Mit Absenkungen ganzer Stadtteile, Störung der Versorgungssicherheit, Zerstörung der Infrastruktur

2000 ereignete sich im Simplongebiet im kleinen Walliser Grenzdorf Gondo ein durch heftige Niederschläge verursachter zerstörender Erdrutsch. 13 Personen verloren ihr Leben und der Murgang riss mehrere Häuser mit sich ins Tal

2010 Bodensenkungen 30 (Durchmesser) x 40 m (Tiefe) bei Bernburg

2020 ein Erdrutsch in Norwegen riss mehrere Häuser ins Meer

2021 drei Ereignisse im Februar. Gletscherbruch in Indien, Hangrutsch in Wangen/Allgäu und Kreidefelsabrutsch in Dover mit in Summe über 250 Toten

2021 starben ca. 64 Menschen und 300 Gebäude wurden zerstört/ beschädigt, als ein klimawandelbedingter Erdrutsch in Atami, südlich von Tokyo, Japan durch die Stadt schoss

2022 ein Erdrutsch auf der kaum bewaldeten und bis zu 800 Meter hohen Urlaubsinsel Ischia im Golf von Neapel reißt neun Menschen in den Tod und verwüstet den östlichen Teil der kleinen, 46 km² großen Insel schwer

Erdbeben

Messbare Erderschütterungen mit Gebäudeeinstürzen, Tsunami oder Vulkanausbruch als Folge

1922 Aleppo, Syrien mit 20.000 Toten

1896 Meiji Sanriku Erdbeben in Japan mit 22.000 Toten und Tsunami
1962 Erdbeben von Buinzahra, Iran mit 12.500 Toten
2010 starben über 724 Menschen auf Haiti nach einem Erdbeben mit der Stärke 7,2
2020 schweres Erdbeben in der Ägäis mit Stärke 7,0 und Tsunami vor Samos, Überschwemmungen und Gebäudeeinstürze in Izmir. 80 Tote und über 900 Verletzte
2021 schwere Erdbeben im Iran (5,7) und Japan, Fukushima (7,6)
2021 Starben über 2.000 Menschen auf Haiti nach einem Erdbeben mit der Stärke 7,3
2022 bebte die Erde in der Afghanisch-Pakistanischen Grenzregion mit der Stärke 6,0 (Zerstörungen im Umkreis von bis zu 70 km). Heftige Regenfälle erschwerten die Rettungs- und Bergungsaktionen in der unzugänglichen Bergregion. Ca. 1.800 Häuser wurden zerstört und über 1.000 Menschen starben nebst über 1.500 Verletzten
2022 Geologen hatten an dem Vulkan-Gigant Mauna Loa auf Hawaii erhöhte seismische Aktivitäten gemessen. Der weltgrößte Vulkan zeigte Unruhen und die Zahl der Erdbeben an der Spitze des Vulkans nahmen drastisch zu. Mit einem Ausbruch wurde für 2023 gerechnet
2023 Nach heftigen Eruptionen in der Türkei, in Marokko und in Libyen fanden im Herbst über 7.000 Menschen den Tod und über 10.000 wurden Monate danach weiter vermisst

Entführung

Verantwortlicher Personen, deren Angehöriger oder ganzer Gruppen

1973 Entführung des US Amerikaners John Paul Getty III in Rom (Lösegeldforderung)
1977 Entführung von Hanns Martin Schleyer (Terrorismus)
1998-2006 Natascha Kampusch (Dauer-Freiheitsberaubung)
2015 Entführung von Markus Würth (Lösegeld)
2020 geplante Entführung der Gouverneurin von Michigan G. Whitmer durch 13 Trump-Anhänger (US-Wahlkampf um das Präsidentenamt)
2021 wurde eine Ryanair-Maschine mit Flug FR 4978 von Athen nach Vilnius über Belarus von einem belarussischen Abfangjäger zur Landung in Minsk gezwungen, damit die dortigen Behörden den Passagier, Blogger und Oppositionellen Roman Protase-

witsch verhaften konnten. 165 Passagiere setzten den Weiterflug dann fort.

Epidemie

Zeitlich und örtlich auftretende Virusinfektion, Seuche, also Krankheitsbilder mit einheitlicher Ursache

1666	Große Pest von London mit 100.000 Toten
1910-1911	Pestepidemie in der Mandschurei über sieben Monate mit 60.000 Toten
2009	Schweinegrippe H1N1 forderte über 18.000 Todesfälle in 214 Staaten und Überseegebieten. Die Ständige Impfkommission (STIKO) des Robert-Koch-Institutes sprach eine Impfempfehlung für alle Beschäftigten im Gesundheitswesen und in der Wohlfahrtspflege, sowie für chronisch Kranke und Schwangere aus. Deutschland bestellte über 50 Millionen Impfdosen. Über die Hälfte wurden nicht verwendet und mussten entsorgt werden; Schaden ca. 240 Millionen Euro
2014/2016	Ebola in Afrika
2021	stark gestiegenes Ausmaß an Vogelgrippe H5N1 in Deutschland

Explosion

Oxidations- oder Zerfallsreaktion mit plötzlich stark steigendem Anstieg von Druck und Temperatur, Gefahrgutlager, Chemieanlagen

1921	explodierte im BASF Werk Oppau/Ludwigshafen ein Kesselwagen und tötete 561 Menschen, verwundete über 2.000 Arbeiter und zerstörte 900 der 1.000 Werkswohnungen. An der Stelle der Lagergebäude entstand ein Krater mit 125 Metern Länge, 90 Metern Breite und ca. 19 Metern Tiefe
2020	Explosion im Hafen von Beirut mit 2.750 Tonnen Ammoniumnitrat und 200 Toten und 300.000 Obdachlosen

Extremwetter-Phänomene

Zyklone, Typhoone, Hurrikane, Orkane, Extremhochwasser

1941	El Nino-Auswirkungen in Osteuropa

1997 das Jahrtausendhochwasser an der Oder mit ca.60 Toten und Schäden in Höhe von ca. 8 Milliarden D-Mark. Über 14.000 Menschen wurden am Oderbruch in Hohenwutzen und Bad Freienwalde vorsorglich evakuiert. Über 500 Häuser wurden zerstört und 5.500 weitere beschädigt. An 500 km Straße und 100 km Bahnlinie entstanden Hochwasserschäden

2002 Extremhochwasser in Mitteleuropa mit Schwerpunkt Sachsen, Tschechien und Österreich. Mindestens 45 Tote und Schäden von 15 Milliarden Euro

2002 mussten 50.000 Menschen evakuiert werden. Nachdem das Extremhochwasser der Moldau Prag und das Umland überfluteten. Zuletzt war dies 1890 so

2005 traf Hurrican Cathrina auf New Orleans und zerstörte die Stadt und das Umland fast komplett. 1.800 Menschen und zahlreiche Tiere fanden den Tod

2013 Starkregen mit folgendem Hochwasser in Mitteleuropa von Ende Mai und Anfang Juni wurde durch tagelange Regenfälle infolge atmosphärischer Flüsse verursacht. Dabei legte sich ein 400 bis 600 Km breites und mehrere tausend km langes Band feuchtigkeitsgesättigter Luft über die Länder Deutschland, Polen, Tschechien, Österreich, Slowakei und die Schweiz. In den bayrischen Mittelgebirgen und am Alpenrand fielen 150-200 L/m² Wasser an einem Tag. Die Länder hatten mit schweren Überflutungen zu kämpfen. 25 Menschen starben. Der Sachschaden belief sich auf ca. 8 Milliarden Euro

2015 neuerliche El Nino-Auswirkungen waren die drittstärksten seit über 65 Jahren

2021 nach wochenlangem, fast permanentem Dauerregen in den Monaten Mai, Juni und Juli in Deutschland, sorgte Tief Bernd für Regenmengen von 148-200 Liter/m² (Köln hat ca. 800 L/m² pro Jahr an Niederschlag) in einer Nacht und auch für verheerende Überschwemmungen im Westen der Republik und den Benelux-Staaten, als auch in der Schweiz. In Schuld in der Eifel starben vier Menschen, in Euskirchen und in Ahrweiler und Umgebung starben über 172 Bürger in den Fluten oder im überfluteten Keller. 96 Stunden nach dem Notfall wurden noch über 600 Menschen als vermisst gemeldet. 200.000 Anwohner waren wochenlang ohne Strom, 100 Häuser waren in Ahrweiler eingestürzt, über 1000 Häuser waren instabil. Geschätzte 8.000 PKWs und LKWs hatten plötzlich nur noch Schrottwert. Zahlreiche Menschen wurden obdachlos. Landstraßen bzw. Autobahnen in NRW und Rheinland-Pfalz waren lange gesperrt, der Bahnverkehr kam auf ca. 600 km Länge zum Erliegen. Drei Tage nach dem Notfall von Ahrweiler/Erftstadt fielen in der Nacht zum 18. Juli dann ungewöhnliche Regenmassen in Berchtesgaden und in Schönau am Königssee. Murenabgänge zerstörten auch die dortige international genutzte Kunsteisbahn. Ein weißer Hagelkörner-Teppich mit einer Höhe von ca. 80 Zentimeter Höhe lag über vielen Wiesen in Oberbayern

2021   wurde beim Unwetter am 21. Juli die zentralchinesische Metropole von Zhengzhou mit 645 L/m² buchstäblich überflutet. Massive Überschwemmungen, die der Taifun „In-Fa" ausgelöst hatte, legten Flughäfen der Region, das U-Bahn-System und den Straßenverkehr außer Betrieb. Die Wasser- und Stromversorgung fielen aus. Bei den schwersten Regenfällen seit Jahrzehnten starben 25 Menschen

2021   ist das Extremwetterjahr. In Japan ertranken nach heftigsten Regengüssen 30 Menschen im Hochwasser, in der Türkei ertranken über 50 Menschen und in Indien und Australien wurden die Opferzahlen mit je weit über 100 benannt.

2022   ertranken in einer Woche weltweit über 150 Menschen, davon im US-Staat Kentucky über 36 im Hochwasser, in Uganda über 25 und im Iran weitere 80, sowie in Seoul in Südkorea neun Bürger

Felssturz

Großvolumiger Fels- und Geröllabgang mit Abrutschen ganzer Bergflanken und Vernichtung von Dörfern und Infrastruktur

2017   Fels- und Erdrutsch Freetown, Sierra Leone mit 400 Toten

2020   Felssturz in Todtnau, Baden Württemberg mit 250 Tonnen Gestein

2022   starben zehn Menschen und über 20 wurden vermisst und 30 verletzt, als sich in den ersten Januartagen am Lago de Furnas in Capitolio im Bundesstaat Minas Gerais in Brasiliens ein ca. 13 Meter hoher und ca. 230 Tonnen schwerer Felsbrocken löste und auf zwei Ausflugsboote stürzte

2022   der Hitzesommer setzte dem Permafrost weiter zu. Am Mont Blanc gab es massive Felsstürze

Finanzwirtschaft
Plötzlich notwendige fiskalische Anpassungen, Inflationsfolgen, Staatsbankrott
etc.

1637 platzte die Amsterdamer Tulpenblase, die Urmutter aller Finanzkrisen. Die Preise für Tulpenzwiebeln sanken binnen weniger Tage um 95%

1929 US-Wall Streets Schwarzer Donnerstag war der folgenreichste Börsencrash der Geschichte und die Baisse erreichte erst 1932 den Tiefpunkt

1991 endete die gigantische Aktien- und Immobilienblase in Japan

2008 Weltfinanzkrise mit Nullzinspolitik als Folge. Die EZB hatte im Dezember 2020 beschlossen, Teile des Pandemie-Notfall-Ankaufprogramms (Ankauf von Staatsanleihen), von 500 Milliarden um mehr als das Dreifache auf 1.850 Milliarden Euro aufzustocken

2022 meldete die Kryptobörse FTX auf den Bahamas für sich und 180 verbundene Unternehmen Insolvenz an. Millionen Anleger hatten an einem Wochenende ca. 220 Milliarden US$ in der Digitalwährungsbranche verloren

Freizeitunfall
Unfall in der Freizeit mit evtl. unfallbedingtem Krankenhausaufenthalt

2012 verunglückte der 43 jährige niederländische Prinz Friso von Oranien-Naussau während eines Skiurlaubs in Österreich bei einem Schneebrettabgang, fiehl in ein Koma und verstarbt 18 Monate später

2013 schlug der F1-Fahrer und siebenfache Weltmeister Michael Schumacher bei einem Skiunfall mit dem Kopf gegen einen Felsbrocken und erlitt ein schweres Schädel-Hirn-Trauma. Der Stein lag unter einer frischen Schneedecke

2018 Höhlenrettungsaktion von zwölf Jungen zwischen 14 und 16 Jahren aus der Tham Luang-Khun Nam Nang Non Höhle in Thailand

2018 Karl-Erivan Haubs (Tengelmann) tödlicher Skiausflug am Matterhorn. Er gilt noch heute als verschollen

2020 Personenabsturz an steiler Felswand im Tannheimer Tal

Gebäudeeinsturz
Einsturz eines Einkaufscenters, Fußballstadions oder von Hochhäusern, z.B. nach Erdbeben oder Vulkanausbruch

2006 auf der Eislauf- und Schwimmhalle in Bad Reichenhall lag die Schneelast noch unter der Belastungsgrenze, so dass keine sofortige Räumung erforderlich war. Aufgrund angekündigter weiterer Schneefälle sollte das Dach jedoch vor weiterer Nutzung vom Schnee befreit werden. Wenige Minuten vor der Sperrung kam es überraschend zum Einsturz des Daches. Dabei starben 15 Menschen und 34 weitere wurden teilweise schwer verletzt

2009 Einsturz des Historischen Archivs in Köln

2020 Gebäudeeinsturz in Düsseldorf mit zahlreichen Toten

2021 starben über 24 Menschen (140 wurden über zwei Wochen als vermisst und dann für tot erklärt), als in Miami, Florida ein neunstöckiges Hochhaus mit über hundert Wohnungen mitten in der Nacht teileinstürzte. Die verbliebenen Strukturen wurden 14 Tage später abgerissen

2021 das 50 x 70 Meter große Schwimmbaddach des Erlebnisbades Aquarium in Schwedt stürzt vier Tage vor der Wiedereröffnung ein und in das darunterliegende 25-Meter-Becken

2022 stürzte das berühmte Hotel Saratoga in Havanna auf Kuba ein. Zwei Jahre zuvor wegen der Covid-19 Pandemie geschlossen, wurde es erst kürzlich renoviert. Eine Woche vor Wiedereröffnung wurden die Gastanks des Hotels befüllt. Dabei explodierte der liefernde Gaswagen und große Teile des Hotels stürzten ein. Über 40 Tote und 70 Verletzte waren zu beklagen

Geldentwertung (Inflation)
Verringerung der Kaufkraft, z.B. im Zuge von Währungsreformen oder -wechsel

1923/1948 Reichsmark/D-Mark

1990 Ostmark/D-Mark

2002 D-Mark/Euro

2021 Inflation auch wegen Corona zeitweise um 5,0% in Deutschland. In den USA über 7%

2022 stieg die Inflation in Deutschland durchschnittlich auf ca. 8,4% (im Oktober gar auf 10,4%) und in den USA auf über 9,3%

Geiselnahme

Freiheitsdelikt gegen eine natürliche Person im Einkaufscenter, im Stadion, in der Bahn, auf dem Heimweg…

1988 Geiselnahme von Gladbeck in Innenstadt mit drei Toten
2009 wurde der Leichnam des Milliardärs Karl Friedrich Flick aus dem Grab geraubt und nach Zahlung von 5 Millionen Euro in Ungarn freigegeben
2010/2014 Geiselnahme von Siemens-Führungskräften in Frankreich
2022 verschleppte ein Mann in Reichenbach an der Fils eine junge Frau, hielt sie in einer Gartenhütte 24 Stunden als Geisel fest und verging sich an ihr. In Walldürn, Odenwald wurde eine weitere Frau über Tage hinweg in einem Haus eingesperrt und missbraucht. Bei der Befreiung und folgenden Durchsuchung des Anwesens, fand die Polizei zwei weitere mutmaßliche Opfer

Genmanipulation

Gezielte Eingriffe in das Erbgut von gängig gekauften Lebensmitteln oder Zusatzstoffen

2005 Lachsfarm in den USA erhielt Zulassung für genmanipulierten Lachs, der anstatt nach drei Jahren schon nach 18 Monaten schlachtreif wird
2018 Öle aus gentechnisch veränderten Sojabohnen
2019 Traubenzucker aus gentechnisch veränderter Maisstärke

Giftschlammflutwelle

Toxische Wassermassen nach Dammbruch im Erzabbauwerk

2010 Rotschlamm-Katastrophe in Ungarn
2018 Bruch eines Beckens für Schlacke in Brasilien

Großfeuer

Unkontrolliertes Feuer, das ein ganzes Fahrzeug, Gebäude, Objekt oder ähnliches befällt

1842 „Füer in de Dieksstraat". Feuer in der Hamburger Deichstrasse mit 520 Toten und 20.000 Obdachlosen

1906 Erdbeben mit Großfeuer in San Francisco mit über 700 Toten

1977 Inferno am Fühlinger See / im Kölner Fordwerk, zentrales Ersatzteillager

2021 Brand in einem Nürnberger Großkraftwerk legte die Fernwärmeversorgung für einige Stadtteile lahm. Außentemperaturen damals: -10 Grad

2021 löschte ein Großfeuer die gesamte kanadische Stadt Lytton nach einer Hitzewelle mit über 49 Grad Celsius aus. Das Schicksal der 249 Einwohner ist teilweise ungeklärt

2021 brannte ein 20-stöckiges Hochhaus in Mailand komplett aus. Die 70 dort lebenden Familien konnten alle gerettet werden.

2022 brannten in ganz Südwesteuropa Felder, Wälder und Häuser. Hunderte Anwohner mussten evakuiert werden

Hagelschlag

Starker Hagel, der mit großen Schäden auf Menschenansammlungen oder Getreidefelder einhergeht

2004 Zyklon Catarina über Brasilien mit Hagel in der Größe von Tennisbällen

2008 Hagelschlag über Süddeutschland mit sehr großen Körnern

2020 Mit dem Schneepflug wird Hagel in Holzgerlingen beseitigt

2021 Zerschmetterten Hagelkörner von der Größe eines Golfballs Dächer und Blechteile an Fahrzeugen in Süddeutschland

2022 Zerschmetterten Hagelkörner von der Größe eines Tennisballs Dächer und Blechteile an Fahrzeugen in Süddeutschland

Hitzewelle

Mit Wasserknappheit und gestörter Wärmeregulation des Körpers, gehäufte Besuche von Ärzten und Krankenhäusern

2018 Hitzewelle in Deutschland

2020 Hitzewelle im sonst kalten Sibirien von über 35 Grad Celsius

2021 ein Allzeit-Temperaturrekord von über 49 Grad Celsius im Juni fordert in der kanadischen Provinz British Columbia über 233 Hitzetote und dürrebedingte Missernten

2022 hatten mehrfache Hitzewellen von bis zu 39 Grad Celsius im Frühsommer die Böden und die Felder austrocknen lassen und zahlreiche Waldbrände ausgelöst. Schon bis Mitte Juli gab es in Süd-Europa über 1.000 Hitzetode

2022 stiegen die Sterbezahlen bei „Tod durch Hitzewelle" um 12% in Deutschland auf über 85.000

Hochwasser

Deutlich erhöhter Wasserstand über dem Pegelstand des Mittelwertes mit Sperrungen der Infrastruktur und Verseuchung

1954 sowie 2002, 2013, 2016, 2018 Hochwasser in Passau
1962 Sturmflut von Hamburg mit über 300 Toten
2002 Jahrhundertflut an der Elbe in Sachsen. Das Hochwasser war mit einem Pegelstand von 9,40 Meter die höchste dokumentierte Überflutung des Dresdner Elbtals und hat einen Schaden hinterlassen von 9 Milliarden Euro und forderte über 45 Menschenleben
2022 Hurrikan Ian hatte im US-Sunshine-Staat Florida Hochwasser und Schäden in extrem historischem Ausmaß hinterlassen, wie es die letzten 500 Jahre nicht vorkam. 2,5 Millionen Haushalte waren ohne Strom und Städte wie Fort Myers glichen ganzen Seengebieten, weil Wellen mit bis zu 3,5 m Höhe in die Orte gepeitscht wurden. Ca. 80 Menschen fanden dabei den Tod in den Urlaubsgebieten

Immobilienwirtschaft

Platzen einer Immobilienblase mit Insolvenzen und Massenarbeitslosigkeit

2008 US Subprime-Krise mit weltweiter Auswirkung
2018 starker Preisanstieg bei Immobilien um bis zu 12,3%
2022 starker Preisanstieg (20%), gekoppelt mit hoher Inflation (8,6% im Juni), Zinswende beim Baugeld (0,4% auf 3,3% in wenigen Wochen), immer mehr/strengere (Brandschutz-) Vorschriften, sowie ausbleibende Materiallieferungen aus der Ukraine, belasteten das Baugewerbe und reduzierten die Nachfrage um 50%
2023 das Immobilienimperium des Österreichers René Benko kollabierte in wenigen Monaten und hat Chaos, unfertige Gebäude, stillstehende Baustellen und 15 Milliarden Euro Schulden hinterlassen. Tausende Arbeitsplätze gingen verloren und zahlreiche Sub-Unternehmer gingen in die Zahlungsunfähigkeit

Industrieversagen
Bei absichtlichem Produktfehler und Benachteiligung von hunderttausend Kunden mit einer folgenden Prozesswelle

Seit 1995 stetig wachsend: Dieselgate in der Automobilindustrie, Rückrufaktionen bei Lebensmitteln (Lebensmittelwarnung.de) und bei fast allen Autos wegen Airbags, Sicherheitsgurten, Bremsen und weiteren Bauteilen

2010 flog ein Brustimplantate-Skandal beim TÜV Rheinland auf. Dieser hatte jahrelang als unabhängiger Prüfdienstleister sein Qualitätssiegel vergeben, obwohl der französische Hersteller Poly Implant Prothèse billiges Industriesilikon für seine Implantate verwendete, die bei über 1.600 klagenden Frauen eingesetzt wurden

2020 Rückruf von 30 Millionen PKW in den USA wegen sicherheitstechnischer Mängel

2021 Rückruf von 14.000 Tesla-Fahrzeugen (BMW, Opel, Daimler...)

2022 Rückruf von in Summe über 800.000 Fahrzeugen fast aller Marken

2023 Weltweit wurden in 2023 erneut hunderttausende Kraftfahrzeuge in die Herstellerwerke zurückgerufen werden. Kabelbäume waren falsch verlegt, Türgriffe lösten sich ab, Batterien fingen Feuer, Airbags lösten nicht oder ungewollt aus, Bremsen versagten, Software-Updates waren falsch...

Jugendgewalt
Verrohung der Gesellschaft, Diebstahl, Einbruch etc.

2014/2018 Unruhen französischer Jugendbanden in Pariser Vorort Stains und in den Banlieues

2020 über 100.000 Jugendliche demonstrierten in Tel Aviv, Israel gegen die Regierung und zerstörten Gaststättenmobiliar

2020 Studentenunruhen mit einer Million Beteiligten in Hong Kong

2020 Messerangriff eines 18 jährigen islamistischen Gefährders in Dresden auf zwei Passanten. Ein Toter

2020 Messerangriff und Enthauptung eines Lehrers auf offener Straße in Paris. Auch der Täter starb später durch Schüsse der Polizei

Justizirrtum
Unbeabsichtigte Fehlvorstellungen oder -leistungen der Richter führen zu Fehlurteilen und zu Unrecht Verurteilten

1984 wurde Gabriele Gottwald, Bundestagsabgeordnete, wegen Beleidigung verurteilt, weil sie von einem Polizisten zu Unrecht beschuldigt wurde. Der Polizist gestand 2008 seine Falschbeschuldigung

2003 saß Donald Stellwag acht Jahre wegen eines von ihm nicht begangenen Bankraubes mit Geiselnahme im Gefängnis. Zu seiner Verurteilung durch das Landgericht Nürnberg-Fürth hatte 1995 ein fehlerhaftes Gutachten eines Sachverständigen geführt. Nach Verbüßung seiner Haft wurde der wahre Täter des Bankraubs gefasst, welcher dazu ein Geständnis ablegte

2004 verbüßte Thilo H. drei Jahre Haft. Tatvorwurf: Vergewaltigung. Er wurde 2008 in einem Wiederaufnahmeverfahren vom Landgericht Potsdam freigesprochen, nachdem das angebliche Opfer zugegeben hatte, die Geschichte und den Tatvorwurf frei erfunden zu haben

2006 Ilona Haslbauer verbrachte gegen ihren Willen siebeneinhalb Jahre in der forensischen Psychiatrie in Taufkirchen und Straubing, weil sie eine Nachbarin mit einem Einkaufswagen gerammt haben soll. Die Einweisung in den Maßregelvollzug durch das Landgericht Regensburg und insbesondere die Dauer dieser Freiheitsentziehung wurden als völlig unverhältnismäßig zum Tatvorwurf kritisiert. Es hatte überdies einander widersprechende Gutachten gegeben, die Frau Haslbauer einerseits als voll schuldfähig und andererseits als nicht schuldfähig infolge eines paranoiden Gedankensystems erachteten. 2014 wurde I. Haslbauer aus der forensischen Psychiatrie entlassen

2016 45 Jahre saß Richard Phillips zu Unrecht in Haft - und bekam vom US-Staat Michigan 1,5 Millionen Dollar für seine verlorenen Lebensjahre. Der Staat habe eine Pflicht, den von Männern wie Phillips erlittenen Schaden wiedergutzumachen, teilte die Generalstaatsanwältin mit. Der 73-Jährige war erst 2016 vom Mordvorwurf rund um eine bewaffnete Attacke im Großraum Detroit 1971 entlastet worden. Kein anderer US-Häftling saß so lange hinter Gittern, ehe er rehabilitiert wurde

2019 wurde Craig Coley, der für einen nicht begangenen Doppelmord im Gefängnis saß, nach fast 39 Jahren mit einer Ausgleichszahlung von 21 Millionen US-Dollar bedacht, als sich herausstellte, dass die damalige Verurteilung falsch war

Kampfhunde

Angriffe von ungebändigten, leinenlosen Hunden

2018 biss im südhessischen Bad König ein Staffordshire-Mischling einem sieben Monate alten Jungen in den Kopf. Der Junge verstarb am Abend im Krankenhaus

2019 wurde eine 33 jährige Frau von ihren beiden Pitbulls zerfleischt, als sie diese in einer Tierklinik im US-Staat Texas besuchen und mit ihnen spielen wollte

2000 verbissen sich zwei Kampfhunde in Hamburg minutenlang in Kopf und Hals eines sechsjährigen Jungen, der vor Ort verstarb

2021 biss ein Kampfhund in Langwedel eine Postbotin in die Arme, als diese die Post zustellen wollte. Aufgrund der schweren Verletzungen wurde sie mit einem Rettungshubschrauber in die Uni-Klinik nach Lübeck geflogen

Kapitalflucht

Wegen Bargeldabzug, Geldmengenreduktion, Verlust der Zahlungsmittel, Staatspleiten, Sekundärwährungen

2010 Argentinien stemmte sich gegen den Bankrott

2019 Internationaler Investorenrückzug aus der Türkei wegen politischer Fehlleistungen

2020 stemmte sich Argentinien erneut gegen den Staatsbankrott

2022 in Folge der hohen Inflation von ca. 10% p.a., der 100 Mrd. Sondervermögen und neuer Schulden und Entlastungspakete der Regierung von ca. 400 Mrd. wurde der Schweizer Franken erhöht nachgefragt

Kältewelle

Sterben von Flora und Fauna und evtl. Menschen bei extremen Minustemperaturen in nicht ausreichend geschützten Gebäuden, sowie Erliegen der Wirtschaft

2012 Kältewelle in Europa mit über 120 Toten

2021 überzog eine Kältewelle die USA und besonders den sonst mit Hitzewellen kämpfenden Staat Texas mit -20 Grad Celsius

Klimawandel

Erderwärmung, Polschmelze, Tau des Permafrosts, Anstieg der Meeresspiegel, überflutete Straßen…

Seit 1985 Beobachtung der Photolyse der FCKW-Moleküle (Ozonloch)
Seit 1900 Meeresspiegelanstieg um ca. 20 cm
Seit 2010 Hitze und Trockenheit belastet weltweit die Landwirtschaft
Seit 2017 verheerende Extremrodung in Amazonien und Pantanal durch Zerstörung des weltweit größten Binnenland-Feuchtgebietes
2050 Erwartungen für einen Anstieg der Meere von bis zu sieben Metern

Komplexe und koordinierte Anschläge

Lange vorbereitete, multiple, gleichzeitig stattfindende und widerwärtige Anschläge

2001 wurden in den USA vier Flugzeuge entführt und in drei unterschiedliche Ziele gesteuert. Das vierte Flugzeug wird durch die Besatzung vor dem Ziel zum Absturz gebracht. Über 3.000 Menschen starben
2011 erschoss der Norweger Anders Behring Breivik auf der Insel Utoya 69 Jugendliche, nachdem er zuvor als Ablenkungsmanöver eine Autobombe in Oslo zündete, wobei acht Menschen starben
2015 verübten islamistisch motivierte Attentäter an fünf verschiedenen Orten (unter anderem im Konzertsaal des Pariser Vergnügungsetablissements Bataclan) im 10. und 11. Pariser Arrondissement und an drei Orten in der Vorstadt Saint-Denis gleichzeitig Anschläge. Über 130 Menschen starben, über 400 werden verletzt
2016 starben 86 Menschen und über 400 werden verletzt, als ein Attentäter mit seinem LKW in Nizza über die Promenade des Anglais in eine Menschenmenge fuhr.
2017 starben in Barcelona 14 Menschen und 118 wurden verletzt, als ein Attentäter erneut mit einem Lieferwagen durch eine Menschenmenge auf dem Boulevard La Rambla im Zentrum von Barcelona raste
2020 starben am Abend vor dem Lockdown in Wien im Ersten Bezirk vier Menschen und 22 wurden teils schwer verletzt, nachdem ISIS Sympathisanten an sechs Tatorten, davon einer vor der israelitischen Kultusgemeinde Wien, wahllos um sich schossen

Korruption

Durch Beeinflussung wirtschaftlicher, gesellschaftlicher und politischer Interessen bis hin zum Totalausfall des Staates

1929 stürzte der Oberbürgermeister von Berlin, Gustav Böß über eine Korruptionsaffäre und einen Pelzmantel

2001 Herzklappenskandal wegen Bestechlichkeit eines ärztlichen Direktors der Herzchirurgie in Heidelberg, der Bonuszahlungen eines Medizin-Produktherstellers entgegennahm

Seit 2010 Gratis-Pass der Europäischen Union auf Malta und Zypern, bei Kauf einer dortigen Immobilie ab 2,4 Millionen Euro

2014 der renommierte ADAC Autopreis „Gelber Engel" wurde über Jahre hinweg korrupt manipuliert. Teilnehmerzahlen und Rangfolge litten unter „moralischen Verfehlungen"

2019 korrupter Zwiebelhandel in der Türkei. Der Staat ging gegen korrupte Zwiebelhändler als „Lebensmittelterroristen" vor, die Zwiebeln horteten und deren Preis sich über Nacht verdreifachte

2020 Oberstaatsanwalt in Frankfurt unterlag dem Vorwurf der Korruption

2021 tauchten hunderttausende gefälschte Covid-19 Impfpässe auf, die für ca. 50 Euro zu haben waren

2022 wurden in Deutschland über zwei Milliarden Euro für nicht durchgeführte Covid-19 Tests mit den hier ansässigen Kassenärztlichen Vereinigungen abgerechnet

2022 wurden 800.000 FFP2 NR Schutzmasken verbrannt. Diese wurden in 2020 unter Gesundheitsminister Jens Spahn von dessen Ehemann beschafft. Das Paar kassierte dafür 1,5 Millionen Euro Provision

Kriegerische Aktionen/Wirtschaftspolitik

Ein organisierter und unter Einsatz erheblicher politischer oder militärischer Mittel ausgetragener Konflikt

2014 ein politscher und zeitweise bewaffneter Konflikt um die Halbinsel Krim im Schwarzen Meer und deren neuerlichen Annexion (nach 1783) in die Russische Förderration

2019 verhängte die Trump-Regierung Wirtschaftsblockaden gegen staatliche Ölgesellschaften in Venezuela und im Iran. Weitere Wirtschaftsblockaden gegen Nordkorea und China

2021 provozierte China mit über 80 Kampfjets Taiwan. An mehreren Tagen flogen Militärjets vom Typ SU-30 und J-17 in die Luftverteidigungszone Taiwans. Taiwan beklagte schon über ein Jahr regelmäßige Luftraumverletzungen durch chinesische Kampfflugzeuge

2022 besetzte Russland große Teile der Ukraine. Der wirtschaftliche Schaden in den ersten vier Wochen betrug ca. 600 Milliarden Euro. 5 Millionen Ukrainer waren auf der Flucht und ca. 2.000 Zivilisten und ca. je 1.500 Soldaten auf beiden Seiten verstarben. Nach zehn Wochen waren über 23.000 russische Soldaten getötet

2022 stritten die Türkei (NATO) und Griechenland (NATO und EU) über Gasvorkommen vor Zypern. Eine Eskalation blieb zunächst aus

Lebensmittelanschlag

Auf Nahrungsmittel mit Tod ganzer Gruppen von Menschen

2011 wurde in der beliebten Urlaubsregion Antalya gepanschter Schnaps mit erhöhten Methanolwerten gefunden. Fünf Marken wurden aus dem Handel genommen, auch weil in Bodrum fünf russische Touristen an Giftalkohol verstarben und zwei Jahre zuvor drei Lübecker Berufsschüler an Methanol-Vergiftung durch gepanschtem Alkohol starben

2017/2018 Erpresser drohte führenden Einzelhändlern mit Vergiftung von Babynahrung

2019 50% aller Masthähnchen in Deutschland waren mit krankmachenden Bakterien kontaminiert

2020 Antibiotika resistente Keime auf 60% aller Masthähnchen bei Geflügelbetrieben in Deutschland, Frankreich und Holland

2021 sind an der Technischen Universität Darmstadt sieben Menschen Opfer eines Giftanschlags geworden. Milchpackungen und Wasserbehälter wurden auf dem Campus Lichtwiese mit einer gesundheitsschädlichen, chemischen Substanz versetzt

2021 starben in Irkutsk, Russland elf Menschen durch den Konsum von gepanschtem Alkohol, genannt Giftalkohol. Neun weitere werden im Krankenhaus wegen Vergiftungen behandelt. Alle Personen sollen denselben Schnaps getrunken haben

2022 starb ein 52-jähriger Mann und sieben weitere Personen litten an Vergiftung, nachdem sie in einem Lokal in Weiden, Oberpfalz eine Magnum-Flasche Champagner tranken

Lieferketten
Zusammenbruch eingespielter, verlässlicher und globaler Produktions- und Transportwege bei Lebensmitteln und wichtigen Technologien

2021   musste die Industrie ganze Werke temporär schließen, weil die Lieferketten in der Corona-Pandemie zusammengebrochen waren. Eine Homeofficepflicht, Quarantäne, Krankenhausaufenthalte beim Personal sowie Maschinenstillstand und fehlende Transporte von Roh- und Betriebsstoffen beim Material, machten eine geregelte Produktion von Gütern (z.B. in der Chipindustrie) und deren globalen Transport unmöglich

2022   die Folgen aus 2021 verschärften sich durch den Ukraine-Krieg. 23 Millionen Tonnen Weizen konnten nicht wie geplant aus der Ukraine exportiert werden

2022   brachen die internationalen Lieferketten in Folge des Ukraine-Krieges zusammen. Die Baubranche verzeichnete bis zu 53% Preissteigerungen und der Container-Schiffsverkehr kam zum Erliegen. Vor Shanghai lagen hunderte Schiffe über Monate und warteten auf die Löschung der Container. Vor Hamburg und Helgoland lagen über 34 Container-Schiffe (Fassungsvermögen von je ca. 18.000 Containern) an einem Tag auf Reede

Logistikstörungen
Sperrungen, Sprengungen mit der Folge Versorgungsengpässe, Menschenansammlungen, Demonstrationen, Gewaltausübungen, Anarchie

2001   Ansturm der Fans zur Olympiade in Korea

2016   zwei Mittelständler der Preventgruppe lieferten keine Sitzbezüge mehr an VW. Folge: 8.000 Mitarbeiter in Kurzarbeit

2017   Ansturm der Skifahrer im Harz führte zu Verkehrschaos

2020   Blockaden und Demonstrationen in vielen Städten der USA wegen Black Lives Matter verursachten Lieferengpässe

2020   Lockdown in zahlreichen Städten Europas legt den Einzelhandel, die Infrastruktur und die generelle Versorgung lahm

2021   verdoppelt sich der Holzpreis für die Bauindustrie und für die Zeitungshersteller. Teilweise blieben die Lieferungen vollständig aus

2021   Mangel an Halbleitern (Chips) legte die Automobilindustrie still. Opel und andere Hersteller schlossen die Werke für drei Monate

2022 verschärfte sich die Beeinflussung von Lieferketten durch den Ukraine-Krieg bei Baumaterialien wie Beton (53%), Baustahl (48%), Silikon (28%), Holz (50%), Fensterglas (25%), Elektrokabel (70%), Fliesen (45%) innerhalb von nur drei Monaten

Machtmissbrauch

Demonstrationen, Boykott, Produktionsstopp, Revolte, Sturm auf Regierung, Anarchie, Nichteinhaltung von Gesetzten und Regeln

1980 Militärputsch in der Türkei zum Schutz der Einheit des Landes, zur Sicherung der nationalen Einheit und zur Verhinderung eines Bürgerkrieges

2014 Limburgs Bischof Franz-Peter Tebartz van Elst verschleierte die 31 Millionen Kosten seines Dienst- und Wohnsitzes im Bistum

2020 Aufruf des 45. US-Präsidenten zur zweimaligen Stimmabgabe bei der Wahl des 46. Präsidenten der USA

2020 Gesetzesbruch der britischen Regierung durch einseitige Änderung des EU-Austrittsvertrages durch das neue britische Binnenmarktgesetz

2020 Ungarn und Polen legten Veto gegen 1,8 Billionen Euro schwere EU-Corona-Hilfen wegen Verpflichtung zur Rechtsstaatlichkeit ein

Massenkarambolage

Durch Fremdeinwirkung verursachter Unfall mehrerer Fahrzeuge

2021 starben sechs Menschen bei einer Massenkarambolage in Texas. Blitzeis sorgte für eisglatte Straßen zwischen Dallas und Austin, weshalb über 130 PKWs, LKWs und Rettungsfahrzeuge ineinander krachten

2021 bei einer tragischen Massenkarambolage im US-Bundesstaat Alabama mit über 15 beteiligten Fahrzeugen sind zehn Menschen getötet worden, darunter neun Kinder in einem Schulbus

Massenpanik

Verstopfung der Infrastruktur durch Flucht, Plünderungen, Anschläge, Freiheitsbewegungen und Menschenmassen

1896 fand die Krönungsfeier von Nikolaus Alexandrowitsch Romanow II auf dem Chodynka-Feld nordwestlich von Moskau statt. Hunderttausende Menschen warteten auf dem von Gräben durchzogenen Militärfeld auf die Vergabe von Geschenken und Verköstigungen anlässlich dieser Kaiserkrönung. Ein Gerücht, dass die Geschenke schon vorher verteilt werden sollten, verursachte eine Massenpanik, bei der ca. 1.400 Menschen getötet und über 1.300 verletzt wurden

1989 Sheffield, England. Die Hillsborough-Katastrophe war ein schweres Zuschauerunglück mit ca. 100 Toten und 800 verletzten Gästen im Hillsborough Stadium in Sheffield. Sie ereignete sich während des Halbfinalspiels zwischen dem FC Liverpool und Nottingham Forest und gilt bis heute als eine der größten Katastrophen in der Geschichte des Fußballs

2010 im Gedränge an der östlichen Hautrampe im Zugangsbereich zur 19. Loveparade in Duisburg und eingezwängt in der Menschenmasse sterben 21 Teilnehmer und über 600 wurden verletzt. Das überschaubare Veranstaltungsgelände war für 250.000 gleichzeitig anwesende Menschen ausgelegt. Geplant wurde mit 485.000 und tatsächlich vor Ort waren zur Zeit des Unglücks aber ca. eine Million

2015 bei der Massenpanik am dritten Tag (Steinigung des Teufels) der islamischen Wallfahrt Haddsch in Mekka, Saudi Arabien starben über 700 Pilger und an die Tausend wurden verletzt

2021 während der jährlichen Pilgerfahrt zum Grab von Rabbi Shimon Bar Yochai am jüdischen Feiertag von Lag BaOmer, Meron, Israel, mit über 100.000 Teilnehmern, ereignete sich ein tödlicher Andrang. 44 Männer und Jungen wurden getötet, über 150 wurden verletzt

2021 starben bei einem Musikfestival in Houston, Texas acht Menschen. Weitere 25 wurden in ein Hospital eingeliefert und über 300 Besucher wurden nach Verletzungen vor Ort behandelt, nachdem in einer Menge von Zehntausenden eine Panik ausbrach, weil sich diese vor der Bühne komprimierten

2022 in Malang, indonesische Provinz Ostjava, verlor der Fußballclub Arema FC gegen den Erzrivalen Persebaya Surabaya mit 2:3; die erste Niederlage seit über 20 Jahren. Wütende Fans stürmten das Spielfeld und die Polizei setzte Tränengas ein, was zu einer Massenpanik führte. An einem Ausgang stauten sich die Mengen. Über 125 Menschen starben und weitere 180 Zuschauer kamen in einem kritischen Zustand in Krankenhäuser

2022 starben bei der ersten Halloween-Party seit Ausbruch von Covid 19 in den engen und abschüssigen Gassen des Viertels Itaewon in Seoul, Süd-Korea über 150 Menschen, meist junge Frauen im Gedränge der Menschenmassen. Ca.140 weitere Besucher wurden teils schwer verletzt

Menschenversagen

Versagen und/oder Fehler, die ein Mensch durch sein Handeln (z.B. Fehlbedienung) bzw. Nichthandeln oder durch seinen körperlich-geistigen Zustand zu verantworten hat. Fehlverhalten kann sowohl wissentlich als auch unwissentlich begangen werden.

1986 in Tschernobyl ist das Atomkraftwerk explodiert, weil Tests nicht zu Ende geführt wurden. 30 Tote unmittelbar und 150.000 mittelbar

2010 „Deepwater Horizon" Ölplattform explodiert und 800 Millionen Liter Öl strömten in das Meer, weil ein Betontest nicht durchgeführt wurde. 11 Tote und 87 Verletzte

2016 vernachlässigte ein Fahrdienstleiter seine Pflichten und setzte Signale falsch. Zwei Meridian-Personentriebzüge der Bayerischen Oberlandbahn stießen auf der Mangfallbahn bei Bad Aibling frontal zusammen. Zwölf Menschen starben, 89 wurden teils schwer verletzt

2021 in Manatee, Florida wurden täglich 125 Millionen Liter verseuchtes Wasser auf Äcker gepumpt. Damit das Rückhaltebecken mit zwei Milliarden vergiftetem Wasser nicht bräche und sich mit einem sechs Meter Tsunami über die Äcker ergießen würde

Messerstecherei

Plötzliche Übergriffe von Personen mit Schneid- oder Stichwaffen

2011 legten eine Vielzahl der 11.000 französischen Schaffner ihre Arbeit nieder, nachdem ein Zugbegleiter von einem Fahrgast mit einem Messer angegriffen und lebensgefährlich verletzt wurde, weil dieser eine Fahrkartenkontrolle durchführen wollte

2018 stach auf der Zugfahrt von Köln nach Hamburg ein Mann mit einem Messer auf einen Passagier ein und wurde später von einer Polizistin erschossen

2021 auf der Fahrt des Hochgeschwindigkeitszuges ICE von München nach Hamburg stach ein Syrer auf dem Abschnitt Nürnberg - Regensburg mit einem Klappmesser auf Passagiere ein und verletzte drei schwer. Der Zug hatte 300 Passagiere an Bord, die im Bahnhof Seubersdorf evakuiert wurden. Der Attentäter wurde festgenommen

2022 in der kanadischen Provinz Saskatchewan starben an einem Sonntagmorgen bei Messerattacken zweier Männer an 13 verschiedenen Tatorten 13 teils willkürlich ausgesuchte Menschen und 15 wurden teils schwer verletzt

Meteoriten

Einschlag, Massenpanik, Erdabkühlung, Verdunkelung, Ausfall der Energieversorgung

66 Mio v.C. schlug ein Asteroid von etwa 14 Kilometern Durchmesser im Bereich der heutigen mexikanischen Halbinsel Yucatán mit solcher Wucht ein, dass die oberen zehn Kilometer der Erdkruste pulverisierten, verflüssigten oder verdampften und in die oberen Atmosphärenschichten geschleudert wurden und auch der Asteroid vollständig verdampfte. 75 Prozent aller lebenden Arten der Tier- und Pflanzenwelt gingen verloren. Darunter auch die Dinosaurier, die bei diesem Massensterben ausstarben

1908 explodierte in einigen Kilometern Höhe der Tunguska-Asteroid in der Nähe des Flusses Tunguska im sibirischen Gouvernement Jenisseisk. Augenzeugen berichteten von bis zu vierzehn folgenden Explosionen am Himmel. Auf einer Breite von 30 Kilometern wurden Bäume entwurzelt, Fenster und Türen wurden in 65 Kilometer Entfernung eingedrückt

2013 weit sichtbarer Meteor mit ca. 19 Meter Durchmesser trat mit einer Geschwindigkeit von 19 km/s in die Erdumlaufbahn ein. Dabei brach das Objekt beim Eintritt in die Erdatmosphäre infolge von Luftreibung und -kompression in einer Höhe von etwa 30 km auseinander und erzeugte eine gigantische Druckwelle über der Region Tscheljabinsk, Russland

Nahrungsmittelvergiftungen

Lebensmittelanschlag, Produktionsfehler oder Verunreinigungen bei Nahrungsmitteln

1987 Birkel-Nudel-Affäre mit verunreinigtem Ei

1990 Benzolrückstände im Nobelmineralwasser Perrier

2008 Li Changjing, ein hoher Funktionär der Pekinger Regierung und verantwortlich für Qualitätskontrolle und Produktsicherheit trat zurück, nachdem festgestellt wurde, dass Betrüger seit über drei Jahren systematisch Milchprodukte verunreinigten. Um einen höheren Proteinwert vorzutäuschen, mischten sie Melamin in Babynahrung. In China konnten 40.000 Babys ambulant behandelt werden, 13.000 Säuglinge mussten in Krankenhäuser aufgenommen werden. Alle Kleinkinder waren plötzlich nierenkrank. Weitere politische Führer wurden abgesetzt und hingerichtet. Zehntausende Tonnen belasteter Milchprodukte der drei größten chinesischen Milchunternehmen und dutzender kleiner Hersteller von Milchprodukten mussten zurückgerufen und vernichtet werden

2009 Uranrückstände im Mineralwasser von San Pellegrino

2018 rief iglo Deutschland wegen Plastikteilchen im Spinat die 800g-Packung des Produkts „iglo Rahm-Spinat" zurück und warnte vor dem Verzehr einer bestimmten Charge.

2019 bundesweiter Milchrückruf der großen Einzelhändler

2020 mehrere Unternehmen riefen wegen Splittern oder Metallteilen im Glas/Behälter Marmelade, Nüsse oder andere Lebensmittel zurück

2020 rief die Hamburger Firma Homann Feinkost möglicherweise falsch etikettierte Saucen (450 ml) zurück

2022 starben in Gambia, Westafrika 65 Kinder - überwiegend im Alter von fünf Monaten bis vier Jahren - deren Hustensäfte verunreinigt waren, an Nierenschäden

Öffentliche Sicherheit

Ruf zum Sturm auf Regierungsgebäude oder auf Printmedien

1990 Sturm auf die Stasi-Zentrale in der Normannenstraße Ostberlin

2011 Angriff auf Regierungsgebäude in Kabul

2015 elf Menschen starben beim Anschlag auf die Redaktion der Satirezeitung Charlie Hebdo in Paris

2018 Separatisten belagerten Barcelona

2019 Angriff auf eine Polizeipräfektur in Paris

2020 Gefährdung der öffentlichen Sicherheit durch Demonstrationen der Anti-Corona-Bewegungen, der Querdenker, der Black Lives Matter Bewegungen, der Aufstände und Demon-

strationen in Belarus, Hong Kong und in Auffang- und Flücht-
lingslagern wie z.B. Moria, Insel Lesbos, Griechenland
2021 venezolanische Sicherheitskräfte hatten den Sitz der re-
gierungskritischen Zeitung "El Nacional" besetzt, um Ansprüche
auf Entschädigung eines hochrangigen Mitglieds der Staats-
führung in Millionenhöhe durchzusetzen
2022 starb die junge Frau Mahsa Amini nach der Festnahme durch
die iranische Sittenpolizei an Verletzungen, die durch Polizei-
gewalt herbeigeführt wurden. In den folgenden Monaten kam
es zu zahlreichen Protesten in den Großstädten und in den Lan-
desprovinzen - bei welchen über 215 weitere Menschen starben - gegen die Hidschabpflicht (Kopftuch) und gegen die islamische Regierung

Ölpest

Durch nicht rechtzeitige Bergung von havariertem Öltanker mit Umwelt-
schäden, Grundwasserverseuchung, Flucht

2010 Explosion der Ölbohrplattform Deep Water Horizon im Golf
von Mexiko und Verlust von 670.000 Tonnen Rohöl
2011 Ölplattform Gannet Alpha in der Nordsee mit Leckage und Verlust von 200 Tonnen Erdöl
2021 bei einem Schiffsunglück vor Sri Lanka freigesetzte Chemikalien
verfärbten das Wasser grün und über 180.000 Tonnen Öl gelangten in das Meer
2021 riss ein Anker eines Tankschiffes eine Pipeline vor Kaliforniens
Küste auf einer Länge von 28 cm auf. 500.000 Liter Öl strömten
aus und bedrohten die Tierwelt Kaliforniens und verschmutzten
beliebte Strände

Organisiertes Verbrechen

Gruppierungen mit Bandenkriegen und Kampf gegen den Rechtsstaat, Straßen-
kriegen, Brandschatzerei, Mord etc.

1926-1931 erlebte Chicago mit Alphonse (Al) Gabriel Capone den Höhe-
punkt der organisierten Kriminalität, der in der Prohibition
(1920-33) die Gesellschaft mit Alkohol versorgte und unzählige
Gegner ermorden lies
Seit 1929 Drogenkartelle in Mexiko
Seit 1980 Clankriminalität in Deutschland

> 2007 starben durch den streng hierarchisch patriarchalen Geheim-
> bund Italiens, die Mafia, sieben Menschen vor dem italieni-
> schen Restaurant „Da Bruno" in Duisburg durch Schusswaffen
>
> Seit 2014 Dieselgate in der Automobilindustrie

Orkantief

Verheerende Stürme mit Beaufortwert 12 (ca. 117 km/h), tropische Wirbelstürme

> 2022 zogen vier Orkantiefs (Zeynep, Eunice, Ylenia und Antonia) mit
> Geschwindigkeiten von bis zu 160 km/h innerhalb weniger
> Tage über Deutschland, legten den Bahnverkehr im Norden
> komplett lahm, entwurzelten tausende Bäume und deckten
> hunderte Dächer ab und hinterließen einen Schaden von ca.
> 1,6 Mrd. Euro

Pandemie

Weltweit starke Ausbreitung von (neuen) Infektionskrankheiten mit Freiheits-
beschränkungen, neuen Hygieneregeln, generellen Einschränkungen

> 1912 Spanische Grippe mit 50 Millionen Toten
> 2003 SARS-CoV mit ca. 1.000 Toten
> 2014 Ebola mit über 11.000 Toten
> 2020 das Coronavirus SARS-CoV-2 grassierte weltweit. Zum Re-
> daktionsschluss dieses Buches (Ende 2022) waren es in den ers-
> ten 33 Monaten ca. 583 Millionen Infizierte und ca. 6,6 Million
> Tote

Passagier- / Patientengewalt

Verbaler / körperlicher Angriff des Hilfebedürftigen auf den Helfer, Sanitäter,
Arzt, Piloten, Zugbegleiter

> 2018 in Ottobrunn erfolgte ein Angriff auf eine Notärztin
> 2020 Angriff aus einer Gruppe heraus auf Polizisten in Ravensburg
> 2020 Angriff auf Stewardess bei Landeanflug auf Leipzig-Halle
> 2022 griff ein alkoholisierter Mann zwei Polizeibeamte in Edenkoben
> mit einem Gegenstand an. Der Angriff konnte abgewehrt wer-
> den, der Mann verbrachte die Nacht in Polizeigewahrsam

Permafrost

Weltweiter Temperaturanstieg im Auftauboden mit Hitzewelle als Klimazeitbombe und Freisetzung von Uraltviren und Uraltbakterien

2015	wurde das 30.000 Jahre alte Mollivirus Sibericum entdeckt
Seit 2018	taut der Permafrost sichtbar in den Alpen
Seit 2019	taut der Permafrost weltweit Gigantische Mengen Methangase wurden in den letzten Jahrzehnten freigesetzt; so sollen 1.600 Gigatonnen Methangase im borealen Erdboden vorhanden sein

Pharmaindustrie

Einführung nicht ausreichend getesteter / nicht zugelassener oder falscher Medikamente mit hoher Sterberate der Probanden

1961	die Verwendung des Schlaf-/Arzneimittels Thalidomid führte zum Contergan-Skandal mit zahlreichen Missbildungen
Seit 2018	immer mehr Arzneimittelfälschungen wurden sichergestellt
2020	weltweit erste hektisch gewonnene Impfstoffe in der Corona>-krise, Sonderzulassung von Remdesivir in der EU, Japan und den USA

Polizeigewalt

Überzogene polizeiliche Maßnahmen voreingenommener oder übermotivierter oder auch ängstlicher Polizisten

2020	Breonna Taylor starb, als zivil gekleidete Polizisten am frühen Morgen die Wohnung stürmten
2020	Georg Perry Floyd starb, als ein Polizist neun Minuten und 46 Sekunden sein Knie auf den Hals des auf dem Boden liegenden Floyd drückte und er nicht mehr ausreichend atmen konnte
2021	starben bei einer Razzia und Gefechten zwischen Polizei und Drogenbanden in einer Favela (informelle Siedlung am Stadtrand, auch Elendsviertel genannt) in Rio de Janeiro 24 Menschen. Zudem wurden zwei Fahrgäste der Metro in einem U-Bahn-Wagen angeschossen. Ein Mann wurde in seinem Haus von einem Querschläger im Fuß getroffen. Außerdem wurden zwei Polizeibeamte bei dem Einsatz verletzt

Privatarmee

Geheimer Aufbau von Milizen, Waffengewalt dort, wo sie unerwünscht ist, Waffenverbreitung in der Bevölkerung

Seit 1958 ist die Sammelbewegung Patriot Movement in den USA auf Konfrontationskurs gegenüber den Bundesbehörden

1997 US-Söldnerfirma Blackwater mit Auftragseingang von 1,6 Mrd. US$ im Gründungsjahr

Seit 2014 die Gruppe Wagner (priv. russ. Sicherheits- und Militärunternehmen) war in 24 Ländern des afrikanischen Kontinents aktiv. Die Söldner- und Schocktruppe wurde vom Putin-Vertrauten Jewgeni Prigoschin als „Säule des Vaterlandes" gegründet und ist überwiegend mit Ausbildung und Logistik für Waffenlieferungen beschäftigt

Seit 2016 propagieren die Proud Boys, eine rechtsextreme Organisation von jungen Männern, den Widerstand gegen die staatlichen Institutionen in den USA

2020 verübte die US-Söldnertruppe Silvercorp in Venezuela einen Putschversuch der Regierung Maduro

2022 bereitete sich die russische Sicherheitsfirma Wagner auf Aktionen in der Ukraine vor, die den hunderttausend Soldaten an der russisch-ukrainischen und an der russisch-belarussischen Grenze dienen sollten

Prozesswelle

Durch die (gefühlte) Verletzung eigener subjektiver Rechte wird die Judikative auch durch Bagatellen lahmgelegt

2003 Telekom-Aktionäre überzogen die Justiz mit Klagen

2019 lagen in Deutschland ca. 162.000 Gerichtsverfahren wegen Abmahnverfahren bei Wettbewerbsrecht (privater Onlinehandel) an

2020 Klagewelle gegen Bundesregierung wegen Maskenpflicht

2020 Sammel-/Musterfeststellungsklagen gegen Automobilhersteller im Diesel Abgasskandal (Dieselgate) und beim Wirecard-Skandal

2021 mit neuen Glyphosat-Klagen versuchten 30.000 Kläger aus noch anhängigen Klagen sich mit Bayer zu einigen. Mit 96.000 Klägern wurden bereits Einigungen im Wert von ca. 12 Milliarden erzielt

Qualitätsstandards

Werden bei Preisanstieg vernachlässigt, Regressforderungen, Arbeitsplatzabbau, Massenarbeitslosigkeit

2019 Rückrufaktionen von BMW 230.000 Wagen wegen Brandgefahr

2020 Alnatura-Rückruf wegen Glassplitter in Lebensmittel

2021 wurden über 700.000 PKW verschiedenster Marken (auch Tesla und BMW, Toyota und Daimler…) wegen Qualitätsmängeln zurückgerufen

2022 weltweiter Rückruf von über 800.000 PKW unterschiedlichster Marken wegen Qualitätsmängel bei Bremsen, Lenkungen, Airbags…

Ratingagenturen

Falsch eingeschätzte Bonität oder ein schlechtes Rating führen zu Insolvenzen, Geldverlust, Benachteiligungen von Geldgebern oder zu Unternehmenspleiten, bzw. Staatsbankrotten

1982 Wienerwald-Affäre des Konzerns für Gastronomie

1994 Utz Jürgen Schneider, Immobilienunternehmer, der sich vor allem durch die aufwendige Sanierung historischer Immobilien hervortat; plötzlich schlechtes Rating führte zur Insolvenz

2010 hatte Griechenland bei einem Haushaltsdefizit von elf Prozent 24 Milliarden Euro zu viel Schulden im Vergleich zu dem, was nach den „Maastricht-Kriterien" der EU zulässig war. Als Folge der abgesenkten Ratings stiegen die Zinszahlungen innerhalb kurzer Zeit von zehn auf 56 Milliarden jährlich

2020 Wirecard-Skandal mit Suche nach 3,2 Mrd. Euro, Deutschland

Regierungswechsel

Massenbewegungen erzwingen Regierungswechsel

2013 Maidan-Revolte in der Ukraine mit Besetzung der Krim

2017 katalanische Unabhängigkeitsbewegung mit Unabhängigkeitsreferendum

2017 Venezuela Machtkampf am Rande der Verfassung Guaido vs Maduro

2020 Massendemonstrationen in Belarus

Richterliche Unabhängigkeit

Machtergreifung und Justizreform mit Austausch der Verfassungsrichter, Nichtpublikation unliebsamer Entscheidungen

2017/2020	Absetzung von Richtern bei Polens Justizreform
2018	in Ungarn hatte Regierungschef Orban wichtige Positionen im Justizsystem neu besetzten lassen
2019	war die richterliche Unabhängigkeit in Österreich wegen neuem Dienstrecht gefährdet
2021	setzte die polnische Regierung ihre Justizreform (Richterinnen und Richter sind nicht mehr unabhängig) und die Medienreform (nur noch europäische Medien in Polen / Lex TVN) um. Weitere Gesetzesänderungen folgten

Richterliche Voreingenommenheit

Ausnutzung der richterlichen Freiheiten, Rechtsbeugung

1942	Reichsjustizminister Roland Freisler in zahllosen Schauprozessen wie z.B. gegen die Hitler-Widerstandskämpfer vom 20. Juli 1944
1999	nahm der Amtsrichter Ronald Schill in Hamburg zwei Männer in Ordnungshaft, die seine Verhandlung gestört hatten. Die Haftbeschwerde ließ er drei Tage liegen. Eine bewusste Verschleppung, also Rechtsbeugung meinte die Hamburger Staatsanwaltschaft und klagte den Richter an. Ein Vorsatz konnte nicht nachgewiesen werden; Schill kam frei
2009	verhandelte am Amtsgericht Eschwege ein Richter auf Probe gegen einen Exhibitionisten. In der laufenden Verhandlung ging der Richter mit dem Angeklagten in den Keller und setzte ihn für eine Minute in eine Gefängniszelle. Er sollte erleben, was ihn erwarten würde, wenn er nicht gestehen würde. Der Angeklagte gestand. Der Richter wurde acht Jahre später wegen Rechtsbeugung und Aussagenerpressung verurteilt und war seinen Job los, denn bei Rechtsbeugung lautet die Mindeststrafe 12 Monate und bei Strafen von einem Jahr oder mehr muss ein Amtsträger aus dem Dienst ausscheiden
2021	ein venezolanischer Richter ging mit Nationalgardisten zur regierungskritischen Zeitung El Nacional und beschlagnahmte alle Unterlagen, um Entschädigungsansprüche eines hochrangigen Mitglieds der Staatsführung in Millionenhöhe durchzusetzen. (siehe auch Öffentliche Sicherheit)

Rohstoffhandel

Marktmanipulation durch Sanktionen, Verschiffungsboykott, Kinderarbeit, Abbaurechte

2013 Schweizer Rohstoffhändler in Nigeria angeklagt
2015 Rohstoffhändler setzten beim Kobalt-Abbau auf Kinderarbeit
2020 Niederländische Großbank ABN Amro stieg nach massiven Verlusten beim Rohstoffhandel aus dem Markt. 800 Arbeitsplätze gingen verloren
2021 Öl, Magnesium, Holz und Kupfer wurden bei der Post-Corona-Erholung Mangelware. Die schleppende Produktion von Halbleitern oder Chips bremste die Automobilindustrie aus. Preisanstiege von 30% waren die Regel und wurden als Risiko für die wirtschaftliche Entwicklung gesehen

Rohstoffmangel

Wichtige Rohstoffe sind am Markt plötzlich nicht mehr verfügbar

2021 Chipproduktion erlahmte, Audi, VW und weitere Automobilhersteller drosselten die Produktion
2021 Bauholzmangel wegen Käferbefall in den USA und Canada
2021 Magnesiummangel ließ die Aluminiumproduktion erlahmen
2022 Rohstoffe und Baumaterialien fehlten weltweit wegen Ukraine-Krieg und Öl- und Gasembargo der EU und der USA gegen Russland

Sabotage

Absichtliche Störungen der wirtschaftlichen Tätigkeit durch Feuer, Terror, Entführung, Explosion, Marktmanipulation, Cyberattacke

2015 Sabotage des Trinkwassersystems beim BND-Neubau in Berlin
2020 Sabotage bei Maisernte in Schleswig-Holstein
2020 Metallstangensabotage in Maisfeld bei Passau
2022 Entlassung 28 hochrangiger Sicherheitskräfte des Geheimdienstes SBU und der Generalstaatsanwältin Iryna Wenediktowa wegen Hochverrates in der Ukraine durch den Präsidenten Wolodymyr Oleksandrowytsch Selenskyj und wegen Sabotage in den eigenen Reihen
2022 gezielte Manipulation an den Nord Stream 1 und Nord Stream 2 Gas-Pipelines nord-östlich und süd-östlich vor Bornholm. An

drei von vier Röhren fanden in 70 Meter Tiefe vier seismologisch gemessene Explosionen statt. Über 117 Millionen m³ Gas strömten aus den Rissen und blubberten fast eine Woche lang an der Ostsee-Oberfläche

2022 zwei Sabotage-Akte an zwei unterschiedlichen Orten in Deutschland an Kabeln der Bahn-Kommunikationsanlage GSM-R führten zu Zugausfällen in Norddeutschland und im benachbarten Ausland

2022 durch eine per Sabotage herbeigeführte (LKW-Bombe) Explosion auf die strategisch wichtige und 19 Km lange Straßenverbindung zwischen der Krim und dem russischen Taman, wurde die Kertschbrücke zerstört. Eine Sektion der 227 Meter langen Brücke stürzte 35 Meter in das Meer

Sandsturm

Plötzliche Verwehungen eines sehr trockenen, staubigen und heißen Windes, also ein staubiger Tsunami

2011 Sandsturm auf der A 19 nahe Rostock mit 8 Toten und 131 Verletzten, weil ca. 100 Millionen Tonnen Sand aus der Sahara nach Norden wehten

2018 Sandsturm fegte über Phoenix, Arizona hinweg und begrub die Stadt unter sich

2020 Millionen Tonnen Sahara Staub legten sich über die USA und die Karibik und färbten das Tageslicht rötlich (Blutregen)

2021 acht Menschen starben bei einem Sandsturm in Utah, mit Windböen von über 80 Km/h, als den Autofahrern plötzlich die Sicht genommen wurde und der Verkehr auf der vielbefahrenen Autobahn südwestlich von Salt Lake City durch eine Massenkarambolage zum erliegen kam

2022 litt der Iran unter schwersten Sandstürmen. Streckenwiese nur 500 Meter, zahlreiche Patienten mit Atemnot, sowie eine erhebliche Beeinträchtigung des Flugverkehrs waren die Folgen. Dürre, Wüstenbildungen, abnehmender Niederschlag und starke Nordwestwinde waren die Gründe

Sanktionen

Strafandrohung mit wirtschaftlicher Folge, Inflation, Mangel am Nötigsten

2014 Sanktionen gegen Russland in der Krimkrise

2019 USA verhängen Strafzölle gegen Mexiko
2020 EU Sanktionen gegen Belarus
2022 verhängten die USA und die EU zahlreiche Sanktionspakete gegen Russland
2022 sanktionierte Russland als Antwort auf diverse Sanktionspakete der EU und der USA die Gaslieferungen gen Westen und drosselte diese durch die Nord Steam 1 Pipeline nach Europa im Juli in zwei Schritten innerhalb von drei Tagen von 167 Millionen m³ täglich um 60% auf ca. 66 Mio. m³. Offiziell verlor ein Gasverdichter seine Betriebserlaubnis. In der Zeit vom 11. bis 21. Juli wurde wegen Wartungsarbeiten kein Gas durch Nord Stream 1 gefördert. Eine andere Rolls-Royce Verdichter-Turbine SGT-A 65 wurde in Kanada gewartet und musste - weil Siemens das Industrieturbinengeschäft der Briten 2014 gekauft hatte - über Deutschland zurück nach St. Petersburg, damit dann wieder Gas strömen konnte; aber in sehr reduziertem Umfang und mit dem Hinweis auf weitere Wartungsarbeiten, die dann in den folgenden Monaten eintraten

Satellitenzwischenfall

Absturz eines Satelliten oder einer Raketenstufe, Kollision mehrerer Satelliten, Fehlweiterleitungen sensibler Daten, Cyberangriff

1979 stürzte Skylab mit 75 Tonnen ab
2001 gezielter Absturz der sowjetischen Raumstation MIR (Friede)
2021 Absturz einer sowjetischen Raketenstufe nach Beinahe-Kollision mit ausgedientem US-Wettersatelliten
2021 unkontrollierter Absturz einer 20 Tonnen schweren chinesischen Raketenstufe der Rakete „Langer Marsch 5B"
2022 meldeten die USA den Absturz einer chinesischen Weltraumrakete vom Typ 5B über dem Indischen Ozean und kritisierten die zögerliche Informationspolitik der Chinesen. Weder Flugbahn noch mögliche Einschlagorte wurden kommuniziert

Schiffshavarie

Menschenschaden, Schiffsuntergang, Umweltverschmutzung

1989 Havarie der Exxon Valdez. Das Schiff lief vor Alaska im Prinz William Sund auf Grund und löste eine der größten Ölkatastrophen und Umweltverschmutzungen aus

2012 kentern der Costa Concordia vor der Insel Giglio mit 32 Toten
2020 sank eine Fähre vor Dakar, Senegal mit 140 Toten
2021 fuhr sich die 400 Meter lange, 59 Meter breite und 33 Meter hohe (plus 15 Meter Tiefgang) „Ever Given" der taiwanesischen Reederei Evergreen im Suezkanal für sechs Tage fest

Schneelawine

Schneemassenabgang, Menschenschaden, Gebäudeeinsturz

1951 Lawine am Zugspitzplatt mit zehn Toten, Lawinenabgänge in den Zentralalpen mit 265 Toten
1954 zerstörten zwei Lawinenabgänge ganze Ortschaften im Walzertal. 56 Einheimische wurden unter dem Schnee begraben
1999 starben in Galtür im Paznaun, Tirol 38 Menschen bei einem der größten Lawinenunglücke Österreichs
2010 Lawinenabgang im Diemtigtal, Schweiz mit 127 Toten
2017 Lawinen über Afsaye, Pakistan mit 77 Toten
2022 ist im vorherigen Winter in den Dolomiten zu wenig Niederschlag gefallen, der die Gletscher im Sommer als Schneeschicht vor den Sonnenstrahlen schützen könnte. Im Juni und Juli meldete die Bergwacht dann stets Plusgrade und die jemals höchst gemessene Temperatur von 13,1 Grad Celsius auf dem 3.343 m hohen Marmolata Massiv. Tage danach lösten sich Schneemassen, sowie vom Schmelzwasser unterspülte Gletscher-, und Felsbrocken und schossen mit einer Geschwindigkeit von ca. 300 km/h zu Tale, wobei sie sieben Bergsteiger mit in die Tiefe rissen. Weitere 16 Bergsportler wurden verletzt und eine ungenaue Zahl Vermisster wurde gemeldet. 14, derer Wagen im Tal parkierten, wurden Tage später für tot erklärt
2022 starben bei einem Lawinenabgang in ca. 5.000 Meter Höhe am Himalaya-Massiv 59 Bergsteiger, die sich vor den Schneemassen nicht mehr in Sicherheit bringen konnten

Schmutzige Bombe

Verwendung einer schmutzigen Bombe (radiologische Waffe) - einer Massenvernichtungswaffe, die aus einem konventionellen Sprengsatz besteht und bei Explosion radioaktives Material (Americium 241, Cobalt 60, Iridium 192) in der Umgebung verteilt, also eine begrenzte Verstrahlung verursacht; bei Großveranstaltungen oder im belebten Kern einer Großstadt, oder in stark besuchten Parks

1987 brachen Schrottjäger in eine aufgegebene Krebsklinik in Goia-
nia in Brasilien ein. Sie stahlen ein medizinisches Gerät, das
Caesium 137 enthielt. 250 Menschen wurden dieser Quelle un-
geschützt ausgesetzt, acht von ihnen erkrankten an der Strah-
lenkrankheit, vier davon starben zeitnah. Der Vorfall hatte
3.500 m³ radioaktiven Abfall zur Folge; genug, um damit ein
Fußballfeld hüfthoch abzudecken
1995 Anschlag tschetschenischer Rebellen auf ein Gebäude unweit
des Kremls (rechtzeitige Entschärfung geglückt)
2001 entwendete ein Arbeiter aus der stillgelegten Wiederauf-berei-
tungsanlage Karlsruhe (WAK) eine plutoniumhaltige Substanz.
In einem Bericht des baden-württembergischen Um-
weltministeriums stand dazu, dass das vorliegende kriminelle
Täterszenario der bisherigen Sicherheitsauslegung nicht zu
Grunde lag
2016 investierten die USA über 50 Millionen Dollar in Geigerzähler
und in radioaktive Überwachung, nachdem ein Händler in Ge-
orgien und der Türkei Cäsium 137 an Zivilpolizisten verkaufen
wollte
2022 Russland warf der Ukraine den Bau und den möglichen Einsatz
einer schmutzigen Bombe vor

Schusswaffen

Gewaltdelikte mit Schusswaffen oder deren unverhältnismäßiger Einsatz durch
staatliche Sicherheitskräfte

2009 nahm ein 17-Jähriger die rechtmäßig erworbene, aber unver-
schlossene Handfeuerwaffe seines Vaters, sowie an die 300
Schuss Munition und tötet in einer Realschule in Winnenden in
Baden Württemberg 17 Schüler und sich selbst. Elf Menschen
wurden verletzt
2015-2020 starben in den USA jährlich ca. 1.000 Personen (davon ca. 20%
Schwarze) durch eine Polizeiwaffe
2020 starben in Christchurch, Neuseeland 35 Menschen im Kugel-
hagel in einem Cafe, als ein 28-Jähriger Täter mit seiner halb-
automatischen Waffe um sich schoss
2021 starben in Kolumbien ca. 50 Personen je 100.000 Einwohner
durch Schusswaffen. Weitere 12 durch Hieb- und Stichwaffen.
In Südafrika kamen 2021 an die 30 Menschen durch Schusswaffen zu Tode

2022 starben in den ersten sechs Monaten in den USA über 22.000 Menschen

2022 an einem sonnigen Sonntag schoss ein junger Däne in Kopenhagen in einem Einkaufscenter wild um sich und tötete drei Menschen und verletzte drei Besucher schwer

Seebeben

In einem vom Meer bedeckten Teil der Erdkruste auftretendes Erdbeben

1908 löste ein Seebeben vor Messina, Sizilien einen Tsunami aus. 75.000 Tote

2003 Seebeben vor Algerien forderte 2.000 Menschenleben und löste lokale Überschwemmungen auf Ibiza und Mallorca aus

2004 das Seebeben im Indischen Ozean, auch Sumatra-Andamanen-Beben genannt, war das drittstärkste jemals aufgezeichnete Beben mit einer Magnitude von 9,1 und löste eine Reihe von verheerenden Tsunamis aus

2021 Seebeben vor Neuseeland. Dank Tsunamiwarnsystem nur Sachschaden

Seilbahnabsturz

Anschlag auf die Infrastruktur einer Seilbahn, Tragseil- oder Zugseilriss, Bremsenversagen

1998 beim Seilbahnunfall von Cavalese durchtrennte ein sich auf einem Alpentiefflug befindendes amerikanisches Kampfflugzeug das Tragseil der auf den Alpe Cermis führenden Luftseilbahn. 20 Menschen starben beim Absturz einer Kabine aus 100 Meter Höhe

2021 starben 13 Passagiere in einer Seilbahngondel, als das Zugseil der Seilbahn am Monte Mottarone in der Nähe des Lago Maggiore riss, die Gondel zu Tale raste und dann 80 Meter in die Tiefe stürzte

Sexuelle Übergriffe

Machtmissbrauch, Sexuelle Belästigung und Gewalt, Verschleppung

1980 Schauspielerin Monika Lundi beschuldigte Kollegen Burkhard Driest bezüglich einer Vergewaltigung

1991 Anita Hill beschuldigte Clarence Thomas (oberster Richter der USA) wegen einer sexuellen Belästigung. Thomas wurde trotzdem Richter am Obersten Gerichtshof der USA

1995 unterhielt der US Präsident Clinton eine sexuelle Beziehung zur Praktikantin Monica Lewinsky und hat darüber öffentlich gelogen, was 1998 zu einem Amtsenthebungsverfahren führte, aber scheiterte

2010 Bekanntwerden größerer Zahl von sexuellen Missbrauchsfällen in der Römisch-Katholischen Kirche und erste Aufarbeitungsversuche wurden aber erst 2020 vorgestellt

2012 FDP Spitzenkandidat Rainer Brüderle soll sich an Sternreporterin „herangewanzt" haben

2015 trat der Chef des Internationalen Währungsfonds IWF und Präsidentschaftsanwärter in Frankreich, Dominique Strauss Kahn wegen Vorwürfen einer sexuellen Attacke gegen ein Hotel-Zimmermädchen zurück

2017 die Sexualdelikte des US-Filmproduzenten Harvey Weinstein erschütterten Hollywood und lösten die weltweite Me-Too-Bewegung aus. Er bekam 23 Jahre Haft

2020 Kindesmissbrauch in Lügde mit weltweiter Vernetzung und über 30 Terrabytes gefundenen Daten zu hunderten Kindern

2021 nach Belästigungsvorwürfen von elf ehemaligen und derzeitigen Mitarbeiterinnen trat der Gouverneur von New York Andrew Cuomo von seinen Ämtern zurück

2021 trat der Chef des US Olympia-Eishockeyteams Stan Bowman im Oktober zurück und begleitete sein Team nicht nach Peking zu den Olympischen Winterspielen im Februar 2022. Ihm wurde ein fehlender Wille bei der Aufklärung diverser Missbrauchsskandale vorgeworfen, die aus dem Jahre 2010 und seiner Managertätigkeit bei den Chicago Blackhawks stammten

Soziale Netzwerke

Denunziantentum, Aufruf zu Straftaten, Mobilisierung von Massen

Seit 2012 deutlicher Anstieg von Datenmissbrauch der Daten aus den sozialen Medien

2020 Black Lives Matter USA, soziale Netzwerke wurden genutzt für Denunziantentum

2020 Aufruf gegen den Anstieg der sozialen Kontrolle mittels Corona-Warn-App

2022 erzielte die Politikerin Renate Künast einen gerichtlichen Erfolg im seit Jahren stattfindenden Streit wegen Hetze und Denunziationen auf verschiedenen sozialen Netzwerken

Spionage

Verdeckte Informationsermittlung in der Führungsetage in Politik und Wirtschaft mit Unwirksamkeit der Entscheidungen des Ausspionierten

1974 Kanzleramt in Bonn mit Willy Brandt / Günter Guillaume
2012 CIA Chef und Vier-Sterne-General David Petraeus USA
2018 gab ein Airbus-Rüstungsmanager als „GEHEIM" eingestufte Finanzpläne des Flugzeugbauers an die Bundeswehr weiter
2022 wurden 40 russische Diplomaten aus Deutschland ausgewiesen. Die Zahl der durch den Generalbundesanwalt eingeleitete Verfahren wegen Spionageverdachts hat sich zwischen den Jahren 2017 und 2021 auf 20 verdoppelt

Stromausfall

Unbeabsichtigte Unterbrechung der Versorgung mit Elektrizität

1977 Blitzeinschlag verursachte Stromausfall in New York und sorgte für 3.800 Festnahmen
2012 der größte Stromausfall der Menschheit (Indien) betraf 600 Millionen Menschen
2020 Stromausfall in 10.000 Haushalten und Industrie in Frankfurt am Main wegen eines Brandes im Umspannwerk Höchst
2021 Stromausfall in fast ganz Italien wegen Ausfall einer Hochspannungsleitung (380 KV) am Likmanierpass
2021 hatten tausende Haushalte in München tagelang keinen Strom. Dies war wohl auf einen Hackerangriff auf die Energieversorger zurückzuführen
2022 mangels Strom-Erzeugung in Folge der Zerstörungen der kritischen Infrastrukturen, froren hunderttausende Ukrainer in zerstörten Wohnungen im Winter 2022/23, einem der Kältesten aller Zeiten
2022 großflächiger Stromausfall in Paris. 125.000 Haushalte und ganze Straßenzüge im dritten, vierten und fünften Arrondissement lagen im Dunkeln

Sturmflut

Außergewöhnliche Sturmfluten entlang großräumiger Küstenstreifen

1952 Hollandsturmflut wegen nicht erhöhter Deiche mit 2.000 Toten
1962 Die große Nordseesturmflut verwüstete länderübergreifend die Küste
1962 Sturmflut in und um Hamburg mit ca. 300 Toten

Technische Störung

Störungen, starke Beeinträchtigungen oder Ausfälle der Übertragungswege bei Funk, Telefon, Internet oder in Produktionsanlagen und bei -prozessen

1970 sechs Sekunden nach einem lauten Knall drückte die überraschte Crew der Apollo 13 Mission den Master-Alarm-Knopf und meldete: „Houston, wir haben hier ein Problem gehabt!" In einer Höhe von 330.000 km über der Erde explodierte ein Versorgungsmodul der dritten US-Mondlandemission und schüttelte das Raumfahrzeug ordentlich durch. Die Rückkehr zur Erde war 90 Stunden lang ungeklärt
1986 ereignete sich die Nuklearkatastrophe von Tschernobyl, nachdem ein vollständiger Stromausfall simuliert wurde. Ein unkontrollierter Leistungsanstieg führte zu zahlreichen technischen Störungen und zur Explosion des graphitmoderierten Kernreaktors RBMK-1000
2022 meldeten die Piloten des Flugs EK 430 von Dubai nach Brisbane nach dem Start einen lauten Knall und vermuteten, dass beim Start ein Reifen geplatzt sei. Sie forderten ein Notfall-Team zur 13 Stunden späteren Landung an. Nach geglückter Landung wurde allerdings ein großes Loch im Bug des größten Passagierflugzeugs der Welt festgestellt, das wohl in 11.000 Meter Flughöhe explodierte

Terroranschlag

Anschläge auf Kirchen, Auslandsvertretungen, Flugzeuge und politisch motivierte, flüchtlingsfeindliche Angriffe mit dem Ziel der Unruhe in der Bevölkerung bis hin zu Aufständen und zur Anarchie

1982 Anschlag auf ein israelisches Restaurant West-Berlin mit 46 Verletzten

1989 starben bei der Entführung eines Linienbusses bei Tel Aviv in Israel 16 Passagiere und 24 wurden teils schwer verletzt

2001 vier koordinierte Flugzeugentführungen mit anschließenden
Selbstmordattentaten auf symbolträchtige Gebäude der Vereinigten Staaten von Amerika, forderten am 11. September 2001
(9/11) über 3.000 Menschenleben beim fast zeitgleich stattfindenden heimtückischen Terroranschlag auf das World Trade
Center in New York und auf das Pentagon

2015 Terroranschlag auf eine kulturelle Einrichtung in Paris – Bataclan mit 130 Toten und 700 Verletzten

2022 ein koordinierter Terrorangriff auf Israel fand durch eine Bombenexplosion an einer Bushaltestelle in Jerusalem statt. Eine
Person starb und 18 weitere wurden verletzt. Eine zweite Bombe explodierte außerhalb der Stadt und forderte drei Verletzte

Tierseuchen

Eine durch Krankheitserreger hervorgerufene, übertragbare und sich meist
schnell verbreitende hochinfektiöse virale, bakterielle oder parasitäre Erkran-
kung von Tieren (bisher 18 H und 11 N Varianten)

2016 Vogelrippe (H5 Hämagglutinin N1 Neuraminidase)

2019 Vogelrippe (H5 N8)

2020 stürzte die ganze Schweinezuchtbranche in Deutschland wegen der Afrikanischen Schweinepest in Brandenburg wirt-
schaftlich ab

2020 Vogelrippe (H5 N1)

2020 Exportverbot von Schweine- und Rinderfleisch

2021 nachdem die Afrikanische Schweinepest erstmals in Mecklen-
burg-Vorpommern ausgebrochen war, wurden über 4.000
Schweine getötet und um den Familienhof ein Sperrbezirk eingerichtet

Tornado

Wirbelstürme, Großtromben, Wind- und Wasserhosen

1930 der F5-Tornado zog eine 80 km lange Schneise der Verwüstung
durch die komplette Provinz von Treviso. Dieser Tornado war
mit geschätzten Windgeschwindigkeiten von rund 500 km/h
der stärkste Tornado in Europa

2011 mehr als 150 Tornados forderten in einer äußerst kurzen Zeitspanne von wenigen Stunden in Alabama, Mississippi und Tennessee mehr als 320 Menschenleben

2011 ein Tornado der Stärke F1 verwüstete mehrere Ortschaften zwischen Bernburg und Dessau in Sachsen-Anhalt

2020 an einer langgestreckten Unwetterfront bildete sich am Ostersonntag in den Bundesstaaten Texas, Louisiana, Arkansas, Mississippi, Tennessee, Alabama, Georgia, North Carolina und South Carolina eine Serie von etwa 60 Tornados. Dabei kamen mindestens 33 Menschen ums Leben

2021 verwüstete ein Tornado (Großtrombe) der Stärke F4 bei Hrusky, in der Nähe von Brünn, Tschechien eine ganze Stadt

2021 wütete 14 Tage vor Heilig Abend fast gleichzeitig eine Serie von 30 Tornados in einigen US-Staaten und hatte eine Schneise der Verwüstung mit ca. 300 Km Breite (sonst 25 km) hinterlassen. Im Staat Kentucky starben in den wenigen Minuten des Notfalls 100 Menschen. Kollateral waren 18 Millionen Bürger betroffen

Tribüneneinsturz
Wegbrechen des Aufbaugerüstes unter einer Tribüne

1902 starben in Glasgow beim Fußballspiel Schottland gegen England 25 Menschen, als eine Tribüne einstürzte

1992 Einsturz der Zusatztribüne bei einem Fußballspiel in Bastia (Bastia gegen Olympique de Marseille) endete mit 15 Toten und 1.300 Verletzten

2021 beim Einsturz einer Tribüne in einer Synagoge in Israel starben zwei Menschen und 167 wurden teils schwer verletzt

Tropische Krankheiten
Masseninfizierungen, Mutanten-Globaltransporte und Infektionskrankheiten mit hochdramatischem Krankheitsbild

2017 Gelbfieber, Zika-Virus und Malaria in Europa

2018 schlug die Asiatische Tigermücke in Deutschland zu

2018 West-Nil-Fieber in Südosteuropa

2022 tauchten vermehrt die Affenpocken (monkey pox), die sonst ausschließlich in Afrika und bei Nagetieren - selten beim namensgebenden Fehlwirt Affe - anzutreffen waren, in Europa und Nordamerika, USA auf

Tsunami

Menschenopfer, Verwüstungen ganzer Landstriche und Urlaubsregionen

1755 starben ca. 60.000 Menschen bei einem Tsunami im Fluss Tejo in Portugal nach einem Erdbeben um Lissabon

2003 löste ein Erdbeben in Algerien einen Tsunami aus, der auf Ibiza und Mallorca zu spüren war. Beim Erdbeben starben über 2.000 Menschen

2004 Sumatra Andamanen Beben mit über 231.000 Toten, Indischer Ozean, vor den Inseln Sumatras

2011 in Folge eines Erdbebens der Stärke 9,0 traf ein Tsunami mit einer Höhe bis zu 23 Metern die ostjapanische Küste vor Tōhoku und riss ca. 23.000 Menschen mit und in den Tod.

Tunnelbrand

Verkehrsunfall in einem Tunnel mit Menschenopfern und erheblichen Sachschäden

1972 der mit Backstein gemauerte Tunnel von Vierzy im Département Aisne, Frankreich, wies bauliche Mängel auf. Immer wieder fielen Teile heraus. Zum Eisenbahnunfall kam es, als im Juni ein Triebwagen gegen ein Hindernis prallte und kurz darauf ein weiterer Triebwagen auffuhr. Das Gewölbe des maroden Tunnels brach ein und begrub die Wagen. 108 Menschen mussten sterben und über 100 wurden verletzt

1999 starben im Montblanc-Tunnel 39 Menschen, als ein mit Mehl und Margarine beladener Lastkraftwagen Brand geriet. Brandursache war wohl eine glühende Zigarettenkippe

2006 stieß ein Personenwagen mit einem Bus im Viamala-Tunnel in der Schweiz zusammen. Neun Menschen starben

2012 prallte ein Omnibus an die Tunnelwand des Sierra-Tunnels in der Schweiz. 28 Menschen werden getötet, 29 verletzt

Umweltverschmutzung

Verzögerte überregionale Auswirkungen, Meeresverschmutzung, Luftverschmutzung

Seit ca. 1975 überfluten jährlich 10 Millionen Tonnen Plastikmüll die Weltmeere; jährlich sterben über 135.000 Meeressäuger am Verschlucken von Plastikmüll

Funde von Mikroplastik in 7.000 Meter N.N. am Mount Everest
Jährlicher Müllberg von 35 Tonnen Abfall am Mount Everest
2021 dickflüssige graue Schleimsubstanz erfasste das Marmarameer vor Istanbul und erfasst die Ägäis und das Schwarze Meer. Unbehandelte Abfälle wurden ins Meer geleitet und Algen wuchsen

Untergrundabsenkungen

Durch Grundwasserentnahmen, Kohleabbau, Verschwinden ganzer Städte und Gebäude

1960 senkte sich Tokio, Japan um vier Meter ab
1980 Bodenabsenkungen in Shanghai
2016-2020 massivste Bodensenkungen im Großraum Teheran, Iran um 25 cm per anno
2040 wird vom Spanischen Institut für Geologie und Bergbau erwartet, dass rund 200 Gebiete in 34 Länder und somit ca. 1,6 Milliarden der Bevölkerung von einem Absinken des Bodens betroffen sein werden

Unfalltod

Autounfall, Verkehrsunfall, Bahnunglück, Flugzeugabsturz

1998 ICE-Eisenbahnunfall von Eschede mit 101 Toten (Zug)
2012 Costa Concordia havarierte am Fels der Insel Giglio, 32 Einzelschicksale (Schiff)
2017 verstarb die Journalistin und Politikberaterin Sylke Tempel auf der Heimfahrt von einem Politikempfang im Sturmtief Xavier im Tegeler Forst (Berlin), als sie einen niedergegangenen Ast von der Straße räumen wollte und der umfallende Baum sie erschlug (Baum)
2010 starb Lech Kaczynski, Präsident der dritten polnischen Republik, bei einem Flugzeugabsturz bei Smolensk (Flugzeug)
2013 verunglückte der siebenfache Formel 1 Weltmeister und Rennfahrer Michael Schumacher beim Skifahren in den französischen Alpen trotz bester Bedingungen (Wetter, Schnee, Sicht…) schwer (Skiunfall)
2020 Mario Ohoven, Präsident des Bundesverbands der mittelständischen Wirtschaft BVMW, Verkehrsunfall (Auto)
2021 Eisenbahnunglück in Pakistan forderte 30 Pendlerleben (Bahn)

2022 starb ein Mann und 18 Fahrgäste wurden teils schwer verletzt, als im Landkreis München zwei S-Bahnen im Berufsverkehr frontal aufeinander gestoßen waren (S-Bahn)

2022 starben acht Kinder im Alter zwischen zwölf und 15 Jahren bei einem Unfall mit einem dreirädrigen Passagierfahrzeug in Ägypten (Sonderfahrzeug)

2022 starb die Hamburger Grünen-Politikerin Katja Husen mit 46 Jahren nach einem Sturz bei einem Radmarathon in Bayern (Fahrrad)

Unwetter

Wetter- und Temperatursturz, Schneesturm oder Eisregen

2008 nahmen 700 Läufer in kurzer Laufbekleidung und bei 14 Grad Wärme am Zugspitzlauf teil. Am Nachmittag schlug das Wetter mit Schneefall und böigen Winden um. Neun Menschen wurden verletzt, zwei erfroren

2021 starben 21 der 172 Marathon Teilnehmer, als in Baiyin, in der chinesischen Provinz Gansu ein Unwetter die Läufer mit Nebel, Hagel, Graupel, Eisregen und starkem Wind überraschte

2023 großflächige Überschwemmungen ganzer Landstriche in Italien, Libyen und Griechenland mit bis zu 1.000 Liter Wasser in 48 Stunden (Berlin hat durchschnittlich 700 Liter Niederschlag in 360 Tagen) in 2023. Weitere Extremniederschläge fielen in Südafrika, auf New York City, in Indien und in China und brachten hunderte Tode mit sich

Verhaftungen

Wegen Veruntreuung, Bestechung, Geldwäsche, schweren Betrugs, Missverständnissen, Drogendelikten, Körperverletzung, Verstoß gegen Auflagen, etc. pp.

Industriebosse: Martin Winterkorn - VW, Rupert Stadler - Audi, Markus Braun - Wirecard, Carlos Ghosn - Nissan, Michail Borissowitsch Chodorkowski - Ölkonzern Yukos

2013 der Heidelberger Immobilienunternehmer Jürgen B. Harder, (Partner der ehemaligen Schwimm-Weltmeisterin Franziska van Almsick) musste wegen einer Schmiergeldaffäre in Haft

Politiker:	katalanischer Minister für Wirtschaft/Finanzen Josep Maria Jove, Österreichs Vizekanzler Heinz Christian Strache, der russische Bürgerrechtler Alexej Anatoljewitsch Nawalny
Kirche:	Finanzminister im Vatikan, G. Torzi wegen Immobiliengeschäften in London
Journalisten:	Ahmet Altan, Deniz Yucel, Iwan Golunow, Mesale Tolu
Schauspieler:	Mel Gibson, Hugh Grant, Russell Crowe
Sportler:	Uli Hoeneß wegen 28,5 Mio. Euro Steuerhinterziehung
Spitzenköche:	Alfons Schuhbeck wegen 2,3 Mio. Euro Steuerhinterziehung

Verkehrsinfrastruktur

Zusammenbruch der Infrastruktur, des Transports von Mensch und Waren, keine Bewegungsfreiheit, keine Nahrungsmittelversorgung, keine Entsorgung

1923 Anschläge auf Eisenbahnanalgen in ganz Deutschland: Essen, Euskirchen, Wiesbaden, Landstuhl, Ratingen, Bonn, Mainz, Düsseldorf, Darmstadt…

1996 Entfernen von Schienenstücken bei Kalkutta, Indien

2002 Anschlag auf die Ampelanlage der größten Kreuzung in der Hansestadt Hamburg

Verunreinigte Lebensmittel oder Medikamente

Vergiftungen, Verunreinigungen, Menschenopfer, Erpressung, Unruhen

1997 Chemikalie PFOA (Teflon oder C8) in Luft und Wasser fordern Gesundheitsstudie bei über 70.000 Menschen in den USA

2018 Medikamentenrückruf in und um Stuttgart

2020 Chargenrückruf für Ernährungssonden bundesweit

2021 musste die Fa. Meica ganze Chargen von Grillwürsten zurückrufen

Versorgungsunternehmen

Anschlag auf Infrastruktur, Amoklauf in S-Bahn, Bombenablage, Feuer, Rationierungen

1996 in der Moskauer Metro fand eine Bombenexplosion im frühen Berufsverkehr statt

2005 Anschläge islamistischer Selbstmordattentäter in Londoner U-Bahn-Station mit 56 Toten

2021 brannten in den Busdepots der öffentlichen Verkehrsunternehmen in Düsseldorf, Hannover und Stuttgart ca. 100 Elektrobusse aus
2021 Cyberattacken auf diverse Strom- und Wasserversorgungsunternehmen
2022 weltweite Rationierungen von Trinkwasser, Strom und Gas

Virusinfektion

Infektionen (Ansteckungen) einer der Lebensformen Mensch, Tier oder Pflanze mit Viren, also einem kleinen infektiösen Organismus, der sich in lebenden Zellen vervielfältigt

1545 wütete das hämorrhagische Fieber Cocoliztli in Mexico und Guatemala und forderte 15 Millionen Leben
1576 wütete das hämorrhagische Fieber Cocoliztli erneut in Mexico und Guatemala und forderte weitere 2 Millionen Menschenleben
1678 starben bei der Pest in Wien über 12.000 Menschen
1708-1714 tötete die Große Pest in Nord- und Osteuropa eine Million Menschen
1889-1895 grassierte die Russische Grippe weltweit als Pferdeinfluenza oder auch Coronaviruserkrankung HCoV-OC43 und nahm einer Million Menschen das Leben
2019 starben in den nächsten 30 Monaten ca. 6,4 Millionen Menschen weltweit an Covid-19 (SARS-CoV-2 Virus)
2022 traten zuerst in England mehrere Fälle der Virusinfektion Affenpocken an Menschen auf. Wenige Tage später waren 200 Fälle in 20 Länder bekannt geworden. Die ersten Toten gab es dann zwei Monate später in den USA

Vogelschlag

Zusammenprall von Vögeln mit natürlichen, oder von Menschen erbauten Objekten, Hindernissen

1962 seit 1962 verzeichnet die Bundeswehr 23 Flugzeugverluste durch Vogelschlag. Zuletzt 1990 mit der Bruchlandung eines Alpha-Jets nachdem ein Triebwerk durch Vogelschlag ausfiel
2009 Wasserlandung auf dem Hudson River in New York von Flug 1459. Das Flugzeug vom Typ A 320 mit 155 Personen an Bord, begegnete einem Schwarm Kanadischer Wildgänse (Körper-

länge 60-110 cm mit einem Gewicht von ca. 6,5 Kg), welche in die Triebwerke gerieten, Brände auslösten und beide Triebwerke außer Betrieb setzten

2022 führte ein Vogelschlag zu Oberleitungsstörungen im Stuttgarter Hauptbahnhof und störte für sechs Tage den S-Bahn-, Nah- und Fernverkehr, also auch die Regionalzüge erheblich. Zahlreiche Elemente der Leit- und Sicherungstechnik, sowie Signale und Weichen wurden beschädigt

Volksaufstand

Welle von Streiks, Demonstrationen und Protesten mit wirtschaftlichen und politischen Forderungen führen zu Streiks, Plünderungen, Anarchie, Aufstand

1953 am 17. Juni Massenbewegungen in der DDR

1956 Ungarischer Volksaufstand

1989 Ost-Berlin, DDR Volksaufstand mit Ziel der Wiedervereinigung

2017 Me-Too Bewegung in den USA und weltweit über das Internet

2020 100.000 gingen in Belarus auf die Straßen

2020 Black-Lives-Matter Bewegung USA auf den Straßen der USA

2021 Friday for Future-Bewegung rund um den Globus

2021 tausende Impfgegner marschierten in zahlreichen Städten in Deutschland (Fackelzug von Grimma, Frankfurt, Berlin, Hamburg) auf. In Wien waren es über 40.000 Teilnehmer

2022 gingen in Kasachstan tausende Menschen auf die Straßen. Zuerst wegen der Gaspreisverdoppelung, dann auch wegen Korruption etc. Die Russische Armee greift mit ein, 8.000 Verhaftungen in drei Tagen waren die Folge

Vulkanausbruch

Eruptionen, Erdbeben, Aschewolken, Sauerstoffmangel, Völkerwanderungen

79 n.C. Vesuv bei Pompeji, Italien mit bis zu 50.000 Opfern

1600 Huaynaputina, Peru mit 1.400 Toten und 500.000 in der folgenden Hungersnot

1774 der von James Cook entdeckte und 361 Meter hohe Schichtvulkan Yasur auf der Insel Tanna des südpazifischen Archipels Vanuatu, bricht seit über 800 Jahren konstant und 500 Mal am Tag (alle 2,88 Minuten) aus. Der Kraterdurchmesser beträgt 300 Meter und geht 150 Meter in die Tiefe.

2010 Eyjafjallajökull auf Island mit gravierenden Auswirkungen auf die Weltwirtschaft

2014 Otake-San Nagano, Japan mit 55 Toten

2021 brach auf der Kanareninsel La Palma erstmals nach 50 Jahren wieder ein Vulkan der 1.949 Meter hohen und über 14 Kilometer langen Vulkankette Cumbre Vieja aus. Die Eruptionen hatten die Anwohner überrascht, obwohl in den letzten acht Tagen über 4.000 kleinere Erdbeben bis zur Stärke 3,4 registriert wurden. Über 3.600 Einheimische und ca. 500 Touristen konnten gerade noch rechtzeitig evakuiert werden. In der ersten Nacht fraßen sich die bis zu sechs Meter auftürmenden und 1.300 Grad heißen Lavaströme über 100 Häuser. In den folgenden acht Wochen wurden weitere 1.350 Häuser vernichtet und über 1.000 Hektar Land (ca. 1.400 Fußballfelder) von einer meterdicken Lavaschicht bedeckt

2021 fast zeitgleich mit dem Cunbre Vieja, brach auch der Ätna auf Sizilien wieder aus und schleuderte die Aschewolke 9.000 Meter hoch hinaus. Die ausgetretene Lava verhalf dem Berg zum Wachstum. Der Ätna wuchs nun um ca. 25 Meter auf 3.357 Meter über Null und die Ascheteilchen wurden auch vom Wind verweht. Die üblich gemessenen Schwefeldioxidteilchen in der Luft, wurden auf der Zugspitze um das 20 fache (20 ppb = parts per Billion, also Teilchen pro 1 Milliarde Luftteilchen) erhöht

2021 brachte der 3.673 Meter hohe Vulkan Semeru auf Java, Indonesien bei seinen zahlreichen Ausbrüchen in wenigen Tagen Tod und Zerstörung über die Insel. 39 Menschen starben, 68 erlitten Brandverletzungen und ca. 3.000 Häuser und 38 Schulen wurden zerstört. Meterhohe Asche vermischte sich am Nikolaustag mit Regen zu einem Schlamm und belegte die gesamte Infrastruktur

2022 brach auf Sizilien der Ätna (auch Mongibello genannt), der mit 3.350 Metern höchste aktive Vulkan Europas für einige Tage aus

2022 der Weltgrößte Vulkan, der Mauna Loa auf Hawaii brach aus und spuckte tagelang Feuer. Die Nationalgarde wurde eingesetzt

2023 stiegen die Aktivitäten des Ätna und einzelner Vulkane auf Hawaii stark an. Auf Island mussten alle Einwohner die Hafenstadt Grindavik verlassen. Das Gebiet wurde großräumig evakuiert, weil an einem Tag über 800 Erdstöße gemessen wurden. Die

Seismologen stellten weltweit mehr Vulkanaktivitäten fest als je zuvor

Waffenschmuggel

Aufbau einer Zweitarmee, Machtverschiebungen, Unterstützung von Aufständen, Clanbildung, Gewaltsteigerungen

2011 Waffen aus Libyen für ganz Afrika und Waffen aus den USA für Mexikos Drogendealer
2019 Berliner Razzia und Prozess gegen Waffenschmuggler

Waldbrand

Brand in bewaldetem Gebiet, auf Feldern und in hügeligen Tälern mit Hoch- oder Niederwald

1911 brannten in der Steiermark, Österreich 80 Hektar Hochwald ab. Auslöser war ein Funkenflug einer Dampflok und starker Wind
1975 brannte die Lüneburger Heide. 74 Km² wurden vernichtet und sechs Feuerwehrleute starben im Dienst
2010 starben 44 Menschen bei dem größten Waldbrand der Landesgeschichte im Karmel-Gebirge in Israel
2018 Waldbrand bei Fichtenwalde und Treuenbrietzen, Brandenburg. Hitzewelle, Dürreperiode, Feuerausbruch an der Autobahnböschung und explodierende Munitions-/Kampfmittelreste des Zweiten Weltkriegs, erschwerten den Einsatz
2022 lösten zahlreiche Wald- und Feldfeuer in Deutschland Feueralarm aus. Hunderte Feuer wurden um Erfurt, am Brocken im Harz, im Berliner Grunewald und anderen Wäldern gelöscht! Im Juni waren schon Flächen verbrannt, die etwa 4.000 Fußballfeldern entsprachen. Der hohe Anteil von ca. 70% Kiefern erhöhte das Waldbrandrisiko. Im Sommer loderten weiter Brände in den Alpen und im Schwarzwald, in Chile, in Australien, im Amazonasgebiet, im gesamten Mittelmeerraum, in Indonesien, in Russland und in den USA, dort überwiegend in Kalifornien, Zentralafrika und am nördlichen Polarkreis. Dort beschleunigte sich der Feuerzyklus. Die Feuer entstehen häufiger, werden größer und intensiver, weil sich die Nordhemisphäre schneller erwärmt und die Sommer länger sind, als auf dem Rest des Planeten. Die dortigen vermoorten Landschaften sind ausgetrocknet.

2023 Großbrände wüteten im Mittelmeerraum fast gleichzeitig in Portugal, Spanien, Frankreich, Griechenland und der Türkei. Ein Flammeninferno im Urlaubsparadies Hawaii verursachte 30 Tode und Feuerwalzen rollten über Kanada hinweg

Wassermangel

Wasserkrise. Trockenheit, Dürre und Hitzewelle führen zu Mangel an ausreichendem Trinkwasser für eine bestimmte Population

2017 rationierte Rom erstmals das Trinkwasser in der heiligen Stadt

2018 war der Wassermangel am Kap der Guten Hoffnung so groß, dass die Stadtverwaltung von Kapstadt kurz vor dem „Day Zero" stand, also der Abschaltung der Wasserversorgung

2022 breitete sich eine Hitzewelle in den südlichen Ländern von Europa schon im Juni so sehr aus, dass in Italien nicht nur extreme Trockenheit herrschte, sondern auch Ernteausfälle die Folge waren und Kraftwerke abgeschaltet werden mussten. Der Po (Italiens größter Fluss mit einer Länge von ca. 650 km) fiel fast trocken und in einem Streifen von je 200 m an beiden Ufern wuchs zumindest ab Piacenza nichts mehr. Der Pegelstand des Po fiel so tief, dass der Meeresspiegel höher lag und Salzwasser auf einer Länge von ca. 15 Km von der Adria in den Fluss-lauf drang. 125 Kommunen in der Poebene rationierten das Trinkwasser

2022 drohte einem Viertel der Weltbevölkerung (ca. 2 Mrd. Menschen) akuter Wassermangel. Denn sie leben noch immer in einem der 17 Länder wie z.B. im Nahen Osten, oder Nordafrikas, Indien oder Pakistan, die schon ohne Dürre oder Hitzewellen 80% ihres Grund- und Oberflächenwassers ausschöpfen. Auch Länder wie Griechenland, Spanien, Frankreich oder Italien standen unter erheblichem Trockenstress

2022 hatten nach starken Überschwemmungen und dem Ausfall einiger Wasser-Wiederaufbereitungsanlagen ca. 180.000 Menschen im US-Bundesstaat Mississippi kein Trinkwasser. Der Gouverneur rief den Notstand aus und aktivierte die Nationalgarde

Wirtschaftsprüfungen

Mangelnde Aufsicht durch Prüfer mit Milliardenverlust für Sparer und folgende Prozesswelle

2003 mussten HeidelbergCement und zahlreiche andere Bauriesen eine Strafe von 660 Millionen Euro bezahlen, da sie seit den siebziger Jahren Lieferquoten und Preise für Zement absprachen, Konkurrenten aufkauften und diese stilllegten

2008 die US-Firma Lehman-Brothers kollabierte, dann die Finanzwelt

2011 weil Kreditinstitute den deutschen Staat um den Dividendenstichtag von Aktien systematisch verwirrten, verlor er über 32 Milliarden an Steuereinnahmen

2014 wurde beim ADAC Manipulationen bei der Vergabe „Gelbe Engel" festgestellt

2020 Wirecard-Skandal mit von EY geprüften Jahresabschlüssen und dem Verschwinden von über drei Milliarden Euro

2021 verspäteter Jahresabschluss bei Grenke Leasing. Ausschluss aus dem S-Dax

2022 musste der Lieferplattformbetreiber Delivery Hero den Dax verlassen aufgrund einer verspäteten „ad hoc" Veröffentlichung

Whistleblowing

Verrat / unerwünschte Veröffentlichung geheimer Informationen wird belegt mit Einschüchterung, Strafe, Sanktionen, Gewalt

2010 Julian Assange, ein australischer Politaktivist veröffentlich US-Militärgeheimdaten

2013 NSA-Affäre um Ex-CIA-Mitarbeiter Edward Snowden

2021 sagte Frances Haugen vor dem US-Senat gegen Facebook aus

2021 gerieten interne Dokumente aus den Sondierungsgesprächen CDU/CSU mit den Grünen und der FDP an die Öffentlichkeit

2022 machte sich der Innenminister von Baden-Württemberg, (zuständig auch für die Verfassung des Landes) Thomas Strobl, offensichtlich wegen Geheimnisverrats strafbar, weil er interne Dokumente an die Presse gab

Zugunglücke

Entgleisungen, Zusammenstöße oder Auffahrunfälle von Güter- und/oder Personenzügen, S- oder U-Bahnen

1883 starben aus einer Gruppe von 300 Menschen 39, als sie im Bahnhof Steglitz den Zug nach Berlin erreichen wollten und ihn über das Gleis der Gegenrichtung stürmten, auf dem zeitgleich ein Eilzug nach Magdeburg in die Gruppe einfuhr

1903 entgleiste ein Zug der „Baltimore and Ohio Railroad". 64 Menschen starben, weil der Zug bei Connellsville, Pennsylvania in Baumstämme raste, die zuvor ein Güterzug verloren hatte

1918 verursachte ein Erdrutsch bei Geta / Norrköpping den schwersten Eisenbahnunfall Schwedens, weil dadurch ein Zug entgleiste, wobei über 42 Reisende getötet wurden

1960 stürzte ein US-amerikanisches Militärflugzeug über der Münchner Innenstadt ab und traf dabei eine Straßenbahn. 52 Menschen starben

1999 entgleiste ein Zug der Wuppertaler Schwebebahn. Fünf Menschen starben und 49 weitere wurden schwer verletzt, als die Bahn auf eine nach Bauarbeiten vergessene Stahlkralle aufprallte

2022 starben bei einem Zugunglück in der Nähe von Garmisch Partenkirchen vier Menschen. 60 Fahrgäste wurden verletzt, davon 16 schwer

2022 entgleiste der gesamte 120 km/h schnelle und von Los Angeles nach Chicago fahrende Zug mit acht Waggons und einer Lokomotive, nachdem er an einem ungesicherten Bahnübergang bei Mendon im US-Bundesstaat Missouri mit einem LKW kollidierte. Drei Menschen starben, viele der 200 Passagiere wurden verletzt

Zusammenprall von Kulturen

Aufstand, Revolution, Völkermord, Staatenuntergang und Staatenneubildungen

1991 der 10-Tage-Krieg in Slowenien

1991-1995 der Kroatienkrieg

1992-1995 Bosnienkrieg mit über 100.000 Toten

1992-1994 der kroatisch-bosnische Krieg

1998-1999 im Rahmen des Bosnienkriegs, der Kosovokrieg

2001 der albanische Aufstand in Mazedonien

2020 Zusammenprall der Völker in Aserbaidschan-Bergkarabach-Armenien

2020 Zusammenstöße zwischen der Türkei und Griechenland in der Ägäis vor Zypern wegen Gasvorkommen

2021 die neuerliche Eskalation der Proteste zwischen Israel und Palästinensern am Tempelberg forderte zunächst 9 Menschenleben und war der Auslöser für über 3.000 abgeschossene Raketen von Gaza gen Israel, entsprechende Angriffe der Israelis auf das Tunnelsystem in Gaza und über hundert Tote auf beiden Seiten

2021 in Südafrika starben bei schweren Unruhen 72 Menschen. Plünderungen und Brandstiftungen waren über Tage im Juli an der Tagesordnung. Erste Schätzungen gingen von einem Schaden in dreistelliger Millionenhöhe aus. Versorgungsengpässe waren die Folge. Begonnen hatten die Krawalle mit Protesten gegen die Inhaftierung des aus Kwa-Zulu-Natal stammenden Ex-Präsidenten Jacob Zuma. Präsident Cyril Ramaphosa mobilisierte 30.000 Soldaten

2021 nach dem Abzug der Bundeswehr und 38 weiterer Nationen und der US-Truppen aus Afghanistan, eroberten die militant-radikal-islamistischen Taliban (Koranschüler) in wenigen Wochen das ganze Land zurück und befreiten zunächst all ihre Anhänger aus den Gefängnissen. Weiter forderten sie die Übergabe aller unverheirateter Frauen, die älter als 14 Jahre alt sind. Der Aufbau einer wahren islamischen Herrschaft nach Scharia-Recht (Ordnung zum Wegweisen) wurde vorbereitet

2022 starben in einem Supermarkt in Buffalo im Bundesstaat New York, elf Menschen, als ein weißer 18-Jähriger das Feuer eröffnete und mit einem leistungsstarken Gewehr um sich schoss. Fast alle Opfer waren Afroamerikaner. Der Täter hatte sich das vorwiegend von Schwarzen bewohnte Viertel gezielt ausgewählt und hatte eine mehrstündige Anreise. Der Vorfall wurde von der US-Bundespolizei FBI sowohl als Hassverbrechen, als auch als rassistisch motiviert eingestuft

2023 beim völlig überraschenden Angriff der Hamas (Islamische Widerstandsbewegung, die den Staat Israel vernichten will) auf Israel am 7. Oktober, dem jüdischen Feiertag Simchat Tora, wurden über 230 Geiseln nach Gaza entführt. Beim größten Massenmord an Juden nach dem Zweiten Weltkrieg, starben über 1.400 Israelis, aber auch viele Hamas-Kämpfer

Weitere Notfall-Anmerkungen

Weitere Notfall-Anmerkungen

Verdrängen Sie bitte nicht, dass für Sie potenzielle Notfälle latent - also stets vorhanden - aber noch nicht sichtbar sind. Gestalten Sie das Erste Allgemeine Notfall-Handbuch zu Ihrem persönlichen Notfall-Handbuch und beachten Sie stets Ihr eigenes Risiko und Ihre Exposition, also wie sehr und wie wahrscheinlich, sind Sie der Gefahr ausgesetzt?

Bewerten Sie dieses aber nicht über, denn die Wahrscheinlichkeit eines Notfall-Eintritts ist das Eine, der Notfall per se ist das Andere. Am 25.07.2000 startete der Concorde-Flug AF 4590 von Paris gen New York. Ein Risiko zum Flugzeugabsturz kurz nach dem Start war allgemein anerkannt und nach 723 Starts und Landungen als gering eingestuft. Niemand ging davon aus, dass ein kleines verlorenes Blechteil auf der Startbahn einen Reifen der Concorde zum Platzen bringen würde und dass dann Reifenteile an die Tragflächenunterseite knallen und im Tank eine große Druckwell erzeugen würden. Und doch schlug das Schicksal während der Rollphase auf der Startbahn zu, zwang die Piloten zum Start und führte zum Absturz nach nur 20 Sekunden Flugzeit. 109 Menschen starben an Bord und vier weitere Hotelgäste, deren Risiko für einen Hotelaufenthalt als sehr gering eingestuft wurde, starben, als die Concorde in der Nähe des Flughafens auf ein Hotel krachte. Multiple Notfälle in der direkten und kollateralen Form.

Über drei Generationen liegt das letzte Super-Hochwasser an der Ahr zurück. Nach 1806 war die Ahr - die wildeste Tochter des Rheins - auch 1910 gewaltig über die Ufer getreten und riss alles mit, was sich den Wassermassen in den Weg stellte. Ebenso wie im Juli 2021, nachdem über Monate hinweg fast permanenter Starkregen die Böden in der Eifel sättigte und die Zuflüsse der Ahr und der Erft hat anschwellen lassen. Bächlein und Flüsse mit durchschnittlich einem halben Meter Wassertiefe, schwollen bis auf acht Meter Tiefe an.

In den Städten Bad Neuenahr-Ahrweiler, Schuld und Erftstadt, sowie in dazugehörenden Landkreisen und Umland, wurden in einer Nacht über 60 Brücken eingerissen, 600 Kilometer Bahngleisanlagen zerstört, ca. 450 Kilometer Straßennetz unter- und weggespült, 100 Häuser überflutet und zerstört und über 1.000 Häuser derart beschädigt, dass sie nur noch als statisch instabil, bzw. unbewohnbar galten. Nach zehn Tagen wurden 170 Todesopfer gezählt und weitere ca. 185 Menschen noch als vermisst gemeldet. Tausende Anwohner waren über Monate obdachlos und standen vor dem Nichts. Sie hatten nicht mit einer Wiederholung eines derartigen oder zu 1910 vergleichbaren Notfalls gerechnet und hatten dann durchschnittlich sieben Minuten Zeit zu packen, das Haus zu verlassen und sich sowie evtl. die Haustiere in Sicherheit zu bringen. Unvorbereitet ist das nicht möglich!

Wasserstandmeldungen und Wasserstandprognosen wurden ignoriert und missachtet. Eine nötige Sensibilität für den drohenden Notfall, der so viele Menschen mit in den Tod riss und Schäden von ca. 30 Milliarden Euro in nur einer einzigen Nacht verursachte, fehlte bei den Verantwortlichen. Der Notfall wurde nicht rechtzeitig erkannt.

Überarbeiten Sie Ihr Notfall-Handbuch regelmäßig und mindestens ein Mal per anno. Spielen Sie gewisse Herausforderungen unregelmäßig durch und prüfen Sie die Tauglichkeit Ihrer Listen. Holen Sie sich externen Sachverstand bei Ärztinnen und Ärzten für Ihren Gesundheitsschutz, bei Cyber-Experten für Ihren IT-Schutz und überhaupt, pflegen Sie Ihr Erstes Allgemeines Notfall-Handbuch.

Als Orientierungshilfe können Handbücher aus den militärischen Bereichen dienlich sein. Amerikanische, aber auch deutsche Dienstvorschriften sind sehr gut geeignet. Denn das Militär ist 24 Stunden täglich auf Notfälle unterschiedlichster Art vorbereitet und eingerichtet. Personal und Material, die vom Militär eingesetzt und genutzt werden, müssen in der Lage sein, in jeder Umgebung zuverlässig ihren Dienst zu leisten, sei es in glühend heißen Wüsten des Nahen Ostens, in den feuchten tropischen Gebieten Südostasiens oder in der extremen Kälte der Polarregionen. Dementsprechend sind auch die Vorschriften, Handbücher und Verordnungen ausgelegt. Nicht umsonst steht der Begriff der Militärqualität für die Erfüllbarkeit extremer und außergewöhnlicher Anforderungen. Also Notfall-Tauglichkeit!

Seit der russischen „Operation Z" im Jahr 2022 ist es fast wieder en vogue, militärisch zu denken und zu handeln. Treffen Sie ruhig einmal einen **militärisch lautenden Entschluss** gemäß den Schritten:

1. Auswertung der Lage

2. Beurteilung der eigenen Kapazitäten

3. Beurteilung des Notfalls

4. Beurteilung der Rahmenbedingungen

5. Kräftevergleich/Unterstützungen

6. Möglichkeiten des Handelns

7. Entschluss mit Begründung

All diese Daten und Informationen fließen dann in Ihre Anweisungen für den Einsatz der Notfall-Bekämpfungsmaßnahmen ein. Zögern Sie nicht, denn Sie hegen den Anspruch auf Gehorsam zur Umsetzung, denn im Notfall entscheidet die Geschwindigkeit, die Entschlossenheit und die Einhaltung der Bekämpfungsmaßnahmen über Ihren Erfolg und evtl. über Leben und Tod.

Definieren Sie:

1. Ihre Lage/Exposition zum Notfall

2. schildern Sie Ihren Auftrag zur Notfall-Bekämpfung

3. beschreiben Sie die Durchführung der Maßnahmen

4. bitten Sie um personelle und materielle Unterstützung

5. legen Sie Führung und Kommunikation fest

Denn in unserer Galaxie ist nichts mehr unmöglich! Ob in der Natur, wie durch den Sturm Cathrina 2004 mit der gewaltigen Zerstörung New Orleans bewiesen, ob in der Industrie, wie durch die Schließung von Großschlachtbetrieben im Frühling 2020 erfahren, ob im Gesundheitswesen, wie mit Covid-19 und dem Fehlen von Schutzmasken traurig erlebt, ob in der Wirtschaft, wie der glanzvolle Aufstieg und der katastrophale Absturz (2021) eines DAX-Unternehmens, dem plötzlich und über Nacht 3,2 Milliarden Euro fehlten, oder, oder....!

Nicht zu vergessen ist Mutter Natur. Ein Notfall kann auch durch unseren einzigartig bezaubernden Planeten Erde ausgelöst werden. Am Vorabend von Weihnachten 2022 - in Deutschland herrschten frühlingshafte Temperaturen um die 13 Grad Celcius - wehten in Nordamerika arktische Winterstürme mit Temperaturen von um minus 40 Grad Celcius über den gesamten Kontinent. Über 200 Millionen Amerikaner saßen fest und mussten die Feiertage an Flughäfen verbringen, weil 5.000 Flüge kurzerhand gestrichen werden mussten. An der Ostküste waren ca. 20 Millionen Haushalte ohne Strom. Auch Eiswinde, Glatteis und Neuschnee von einem Meter in einer Nacht, sorgten für Notfälle und Notstand.

Häufungen von Vulkanausbrücken in den letzten Jahren könnten zukünftig zu einer großflächigen Bedeckung der Erde mit pyroklastischen Sedimenten führen und hätte fatale Folgen für die Menschen, für die Tiere und für die Flora, aber auch Auswirkungen auf die Ökonomie; ja auf das Leben mit und auf der Erde generell.

2010 brach der Eyjafjallajökull auf Island mit gravierenden Auswirkungen auf die Weltwirtschaft aus. 2014 war der Otake-San Nagano in Japan ausgebrochen und hatte 55 Tote hinterlassen. 2021 eruptierte auf der Kanareninsel La Palma erstmals nach 50 Jahren wieder die 1.949 Meter hohe und über 14 Kilometer langen Vulkankette Cumbre Vieja. Die Eruptionen hatten die Anwohner überrascht, obwohl in den letzten acht Tagen über 4.000 kleinere Erdbeben bis zur Stärke 3,4 registriert wurden. In der ersten Nacht fraßen die sich bis zu sechs Meter auftürmenden und 1.300 Grad heißen Lavaströme zunächst über 100 Häuser, dann weitere 1.350 Häuser. Eine Fläche von ca. 1.400 Fußballfeldern wurde von einer meterdicken Lavaschicht bedeckt.

Fast zeitgleich mit dem Cunbre Vieja, brach 2021 auch der Ätna auf Sizilien wieder aus und schleuderte die Aschewolke 9.000 Meter hoch hinaus. Die ausgetretene Lava verhalf dem Berg zum Wachstum. Der Ätna wuchs nun um ca. 25 Meter auf 3.357 Meter über Null. Der 3.673 Meter hohe Vulkan Semeru auf Java, Indonesien brachte bei seinen zahlreichen Ausbrüchen in wenigen Tagen Tod und Zerstörung über die Insel. 39 Menschen starben, 68 erlitten Brandverletzungen und ca. 3.000 Häuser und 38 Schulen wurden zerstört. Meterhohe Asche vermischte sich am Nikolaustag mit Regen zu einem Schlamm und belegte die gesamte Infrastruktur.

2022 brach auf Sizilien der Ätna (auch Mongibello genannt), der mit 3.350 Metern höchste aktive Vulkan Europas für einige Tage erneut aus. Auch der weltgrößte Vulkan, der Mauna Loa auf Hawaii brach aus und stieß tagelang Feuer und Gase aus. Der Untersee-Vulkan Hunga-Tonga-Hunga-Ha'pal, der sich 1.800 Meter hoch und 20 Kilometer breit unter der südpazifischen Wasseroberfläche erhebt, eruptierte und schleuderte Asche und Staubwolken bis zu 30 Kilometer in die Höhe und verursachte Tsunamis mit 15 Meter Wellenhöhe.

Unser Planet lebt also und auch Europa ist ein Kontinent, der Feuer speit und bei entsprechend starken Eruptionen Notfälle auslösen kann. Platten bewegen und Schluchten formen sich und das Erdinnere brodelt vor sich hin. Dadurch entstehen Risse, durch die sich flüssiges Gestein seinen Weg bahnt und an der Oberfläche durch eine Eruption oder Explosion als Magma austritt. Weltweit gibt es derzeit ca. 2.000 aktive Vulkane. Auch in unserer Nähe. In Island, Italien und Griechenland und der Türkei. Die nichtaktiven Vulkane wie z.B. in der Eifel, am Kaiserstuhl oder am Hohentwiel, deren letzter Ausbruch mehr als 10.000 Jahre her ist, sollte man aber nicht ganz vergessen.

Ebenso wissen wir schon seit Jahren, dass der Ausbruch des alle ca. 650.000 Jahre ausbrechende Supervulkan Yellowstone im gleichnamigen National Park in den USA schon überfällig ist. Er besitzt die weltgrößte Magmakammer mit über 20.000 km³ heißer Gesteinsschmelze und erwärmt unterirdische Wasservorkommen. Niemand weiß die Folgen abzuschätzen, wenn sich diese Massen erneut durch die Caldera drücken und den Himmel verdunkeln werden.

Vom Himmel können jederzeit andere Kleinplaneten, Asteroiden oder Meteoriden und größere Brocken intergalaktischen Staubes auf die Erde zurasen und dort einschlagen. Die bekannteste Vermutung der Wissenschaften zum Aussterben der Dinosaurier besagt, dass vor 65 Millionen Jahren ein Meteorit die Erde getroffen haben soll. Eine gewaltige Explosion und verheerende Brände waren die unmittelbaren Folgen. Weiter verteilten sich Unmengen von Asche und Schutt in der Luft und bedeckten die Erdoberfläche. Die Sonne konnte nicht mehr durch die dichte Luft hindurch scheinen und Dunkelheit nebst Kälte breitete sich global aus. Dieser Klimawandel führte zum Aussterben vieler Tiere und Pflanzen.

Im Sommer 2020 flog der Asteroid „2020 QG" nur ca. 3.000 km an der Erde vorbei. Seine Größe entsprach einem Geländewagen. Und zum Herbstanfang am 1. September des selbigen Jahres flog der Asteroid „2011 ES4" mit einer Entfernung von ca. 120.000 km an unserem Planeten vorbei. Das ist ca. ein Drittel der Monddistanz. Der Durchmesser dieses Asteroiden betrug an die 40 Meter. Und weil der nächste Impakt jederzeit geschehen kann, simuliert die NASA (National Aeronautics and Space Administration - die zivile US-Bundesbehörde für Raumfahrt und Flugwissenschaft) alle zwei Jahre Planspiele zu möglichen Erdeinschlägen von Asteroiden und Meteoriten.

Am 26. September 2022 wurde erstmals eine Rakete absichtlich auf Kollisionskurs mit einem Asteroiden gesteuert. Das NASA-Planeten-Verteidigungs-Programm DART (Double Asteroid Redirection Test) sendete die Rakete mit 24.800 Stundenkilometern auf den elf Millionen Kilometer entfernten Asteroiden Didymos und seinen Mond-Planeten Dimorphos. Letzterer hatte immerhin einen Durchmesser von 160 Meter. Die elf Monate zuvor gestartete „Falcon 9" Rakete sollte durch die Kollision Dimorphos aus seiner Flugbahn und weiter vom möglichen Kollisionskurs Erde bringen. Eine konkrete Gefahr der Erde durch diese Asteroiden bestand nicht, jedoch wird die Möglichkeit dieses Notfalls, nämlich dass ein größerer Asteroid in absehbarer Zeit auf der Erde einschlagen könnte, von den USA und weiteren Staaten sehr ernst genommen, denn derzeit sind 190 Asteroiden-Einschlagkrater auf der Erde bekannt und über eine Million identifizierter erdnaher Objekte, die auf die Erdoberfläche treffen könnten. Jedermann muss auch deshalb auf das Unwahrscheinlichste vorbereitet sein; auch auf Flugkörper aus dem All.

Schlusswort

Konnte ich Sie mit dem neuen Ersten Allgemeinen Notfall-Handbuch sensibilisieren und inspirieren und hoffentlich soweit motivieren, als dass Sie nun ein Notfall-Konzept auf- oder ausbauen? Denn Sie haben keine Zeit mehr. Ihre Notfall-Wachsamkeit muss omnipräsent sein. Dieses Erste Allgemeine Notfall-Handbuch enthält zahlreiche Grundlagen für Ihre Notfall-Checklisten, Notfall-Pläne, Auflistungen und Empfehlungen. Jeder Mensch, jedes Unternehmen, jede Organisation oder auch jedes Amt ist unterschiedlich, auch wenn die Basis sehr ähnlich ist. Sie benötigen Notfall-Resilienz; ein Abwehrsystem für diverse Notfälle; insbesondere gegen die täglich zunehmenden Cyber-Attacken.

Notfall-Pläne müssen individuell und auf Sie, bzw. Ihr Unternehmen und Ihre Organisation zugeschnitten sein!

Notfall-Pläne dürfen nicht statisch sein. Passen Sie diese unregelmäßig und auf evtl. neue Herausforderungen an. Transformieren Sie.

Sie müssen auf Notfälle vorbereitet sein. Ihre Präventions-Maßnahmen für Sie und Ihr Umfeld können Leben retten. Je besser Sie vorbereitet sind, desto schmerzfreier wird dann die Bewältigung des Notfalls. Auch wenn Sie dabei an die unwahrscheinlichsten Vorkommnisse denken müssen. Dass Sie hierzu Entscheidungen treffen und diese kommunizieren müssen, ist selbstverständlich. Sollten Sie nicht entscheidungsfreudig sein, benötigen Sie jemanden an Ihrer Seite, der dies ist.

Auch der stetig wachsende IT-Einsatz im Home-Office wird dazu beitragen, dass Angriffe auf digitale Informations- und Bearbeitungsströme zunehmen werden. Mobile Endgeräte, nicht ausreichend geschützte Netzinfrastrukturen, fehlende Zugriffs- und keine ganzheitlichen Konzepte bieten Angriffsziele, wie beim Cyberangriff auf eine britische Airline im Januar 2020, bei der neun Millionen Kundendaten gestohlen wurden.

Im Juli 2020 wurden bei einem Angriff auf einen Blogging Dienst, die Konten von US-Prominenten gehackt und im Ergebnis waren dann 100.000 US-Dollar in weniger als 30 Minuten und über 100 Millionen $ in wenigen Stunden verloren; weil viele User sich einen Cyber-Angriff auf sich selbst nicht vorstellen konnten. Heute ist es eine Cyber-Attacke und morgen vielleicht ein virtueller Krieg.

Denken Sie bitte daran, dass wir mitten im Leben, vom Notfall umgeben sind. Um das zu sehen, brauchen Sie keine Agentenfilme zu schauen oder entsprechende Bücher darüber zu lesen. Seien Sie einfach nur wachsam und gehen Sie mit offenen Augen durch das Leben. Ihr persönlicher Notfall kann Sie immer und überall ergreifen, weshalb Sie so gut wie möglich vorbereitet sein müssen. Aber bedenken Sie, dass kein Notfall-Handbuch der Welt alle Notfälle abdecken kann.

Der Notfall wartet nicht bis Sie vorbereitet sind. Er kommt einfach.

Und wenn er Sie mal treffen sollte, müssen Sie auf Vorbereitungen zurückgreifen. Sie werden aber auch oft intuitiv gegen den Notfall kämpfen und improvisieren müssen. Sie müssen im Notfall einen klaren Kopf und Ruhe behalten. Seien Sie maximal agil und flexibel. Schauen Sie auf Ihr Umfeld und prüfen Sie die Kollateralschäden. Denn auch wenn Sie ein Notfall nicht unmittelbar treffen sollte, können diese Kollateralschäden Ihnen mittelbar gewaltig zusetzen. Und schon sind Sie eine beteiligte Person oder ein beteiligtes Unternehmen, ein Amt oder eine Organisation und Sie haben Ihren eigenen Notfall, der sofort bekämpft werden muss.

Deshalb üben Sie bitte Ihre bekannten Notfall-Pläne, denn nur so werden Sie zum Meister! Simulieren Sie Notfälle der besonderen Art. Orientieren Sie sich dabei ruhig an Personenkreisen, die ständig mit dem Notfall leben müssen, nämlich Menschen mit Regierungs- und Führungsverantwortung auf vielen Ebenen, sowie Frauen und Männer, die als Pilot, oder als Soldat, als Arzt und Sanitäter, bei der Feuerwehr oder bei der Polizei, bei Hilfswerken oder Rettungsorganisationen Tag und Nacht mit Notfällen konfrontiert werden und dabei auch für unser aller Sicherheit einstehen und eine effiziente Notfallbekämpfung durchführen.

Ein Ausblick auf die nächsten Jahre soll Sie weiter auf die Notwendigkeit der Prävention aufmerksam machen. Noch herrscht Zeit dazu, denn wenn geopolitische Spannungen zu Krisen und evtl. zu Krieg werden, ist der Notfall auch bei Ihnen; unmittelbar.

Neben den seit 2014 mit der Annexion anhaltenden Spannungen und der Sonderoperation aus 2022 in der Ukraine, gewinnt China stetig weiter an Einfluss in der Welt; neben der Manifestierung, dass Taiwan ein Teil Chinas sei, werden gleichzeitig Manöver mit Kampfschiffen und Kampfjets um Taiwan durchgeführt. Nordkorea droht der Welt mit Atomwaffen und demonstriert dies durch sehr zahlreiche Tests mit Raketen, die über Südkorea und Japan fliegen. Der türkische Präsident sendete 2022 verbale Botschaften: „die Soldaten kommen in der Nacht!" gen Griechenland und verkündet, dass zahlreiche griechische Inseln doch zur Türkei gehören würden, um sein Interesse an den riesigen Gasvorkommen in der Ägäis und vor Zypern zu legalisieren.

Ist Ihnen das alles zu weit weg und tangiert Sie nicht? Auch in Europa, also nicht nur vor der Haustüre, sondern im Hause Europa, in unmittelbarer Nachbarschaft, sind Fliehkräfte aktiv und entpuppen sich mehr und mehr als Autonomiebewegungen, die schnell zum Notfall mutieren können. Denn nach dem Brexit ist die Nordirlandfrage noch nicht eindeutig geklärt und in Spanien demonstrieren die Katalanen weiter für die Abspaltung vom Königreich und der Balkankonflikt schwelt zwischen Serbien und dem Kosovo immer wieder unregelmäßig an.

Wassermangel, Artensterben, Fachkräftemangel, Medikamentenmangel, Dürresommer, Inflation und Rezession, neuartige Untervarianten des SARS-CoV-2 Virus, Zoonose-Infektionskrankheiten, Energiemangel, Hurrikans und viele andere potenzielle Schadensereignisse, könnten sich als die „Iden des März" entpuppen und zum vorhandenen Unheil, zum Multi-Notfall explodieren und den Wohlstand, Ihren Wohlstand von einer Sekunde auf die andere zerschmettern.

Meines Erachtens werden sich Cyber-Attacken weiter mehren. Die geopolitischen und sozialen Spannungen werden an Häufigkeit und Intensität zunehmen. Der Wassermangel und kollaterale Auswirkungen auf Trinkwasseraufbereitungen oder auf den Obstanbau etc. werden bedeutend größer. Die gestiegene Zahl der Vulkanausbrüche wird weiter steigen und eine Deindustrialisierung, insbesondere bei den KMUs wird sich im Arbeitsmarkt bezüglich Nachfolger- und Fachkräftemangel spürbar breit niederschlagen.

Bringen Sie deshalb Ihr Unternehmen, Ihre Organisation und Ihre Familie in einen Notfall-Resistenten Zustand und kooperieren Sie mit den in obigen Kapiteln beschriebenen Hilfeleistern. Gehen Sie davon aus, dass der Notfall nicht nur eine körperliche Verletzung darstellt; er kann grausamer sein.

Nur ein aktuelles Notfall-Handbuch nebst Notfall-Checklisten erfüllt den Zweck zur schnellen Notfall-Bekämpfung als Teil eines Notfall-Konzeptes. Bitte notieren Sie Ihre persönlichen Anmerkungen und Ergänzungen als Eigentümer dieses Ersten Allgemeinen Notfall-Handbuchs und vergessen Sie nicht, dass ein Notfall-Plan nie perfekt sein kann. Sie werden oft improvisieren müssen, was aber bei ausreichender Sensibilität gelingen mag.

Zum Schluss noch ein ganz persönlicher Tipp. Beginnen Sie bei der Prävention doch mal mit Ihrem Mobiltelefon. Auf meinem Handy habe ich eine ganz simple Notfall-Rufnummer-Liste. In den Kontakten habe ich unter dem Buchstaben N - wie Notfall - wichtige Notfallnummern gespeichert. Unter dem Vornamen z.B. Ärztenotdienst und unter dem Namen Notfall. Vorname z.B. Bundespolizei, Name Notfall. Vorname z.B. Rettungsdienst, Name Notfall etc. p.p.! Dazu die entsprechenden Telefonnummern und schon haben Sie Ihre eigene Notfall-Rufnummer-Liste erstellt.

Ich wünsche Ihnen alles Gute, eine erstklassige Prävention gegen so manchen Notfall und eine gute Widerstandskraft und Zuversicht zur positiven Notfall-Bekämpfung während der Intervention und einen hohen Nutzen im Umgang mit diesem Ersten Allgemeinen Notfall-Handbuch.